傅

对自己要约，对别人要恕

对物质要俭，对神明要敬

与自己要安，与别人要化

与自然要乐，与大道要游

存自己以诚，待别人以谦

观万化以几，合天道以德

目　录

承先启后的智慧

从 1999 年《论语解读》出版之后，我就一直在介绍及推广国学。"国学是什么？"这个问题的答案难免见仁见智，我只能依个人经验说明我对发扬国学的看法。

国学的三个"不必"

首先，不必开书单。许多前辈学者都列出"国学必读书目"，这些书目洋洋洒洒，颇为壮观，但时序已入二十一世纪，除了大学本科的学生或专门研究的学者，一般人对此只能望洋兴叹。我们念书有一个目的，就是明白书中道理，看它能"具体"告诉我们什么人生启示。我也曾多次应邀列出国学书目，我的回答不外乎"四书三玄"。我认为国学中"必读"的，是塑造中国人"理念"的七本书，那就是：儒家的《论语》《孟子》《大学》《中庸》；道家的《老子》《庄子》；作为群经之首、大道之源的《易经》。我对这七本书都作了详细研究，将其译成通顺的白话文，并且阐释其中的哲理。换言之，我不是在开书单，而是在做桥梁，使读者可以明白国学的理念。

其次，不必唱高调。我不是文化沙文主义者，不会宣称国学是"世间最伟大的学问"，不会幻想中国文化是"世界的最高境界"。

在我看来，国学必须落实在生活中，改善及提升我们的生命素质。譬如，谈到儒家，要强调"真诚"二字，由此引发主动行善的力量，由修养个人推及造福社会，并确保内心的悦乐之情。

谈到道家，则凸显"真实"二字，在肯定万物平等而值得欣赏时，也不忘修炼身心以抵达"外化而内不化"的胜境，消解各种情绪的干扰与外来的压力。至于《易经》，则须兼顾义理与象数，既能"居安思危，乐天知命"，又可"观化知几，掌握未来"。学到上述三方面，才可验证国学之大用。

第三，不必装大师。我一向认同韩愈所说："闻道有先后，术业有专攻。"国学的范围何其广泛，经史子集无所不包，因此"国学大师"之名若非出于误会就是纯属客套，根本不具任何意义。

我长期推广国学，向来谨守分寸，只谈"四书三玄"，并且一再表明自己只是"桥梁"，要使读者与听众可以通过我的介绍直接向原典请教。我自己则一直在学习之中，常常萦绕心头的是：这句话我有没有说错？我自己能不能做到？我可以负责的是：我所解释的每一句话都是我充分理解的，也都是我努力在实践的，虽不能至，心向往之。愿与读者共同勉励。

以上三个"不必"，是我在介绍国学时的自我要求。下面谈谈国学对人生的启发。

国学与人生

国学代表中国文化的"理念"，这种理念之中最精纯的是儒家、道家与《易经》。我近年研究国学与人生的关系，可以总结为以下几句扼要的话。

儒家提醒我们：

1．对自己要约；

2．对别人要恕；

3．对物质要俭；

4．对神明要敬。

前两者涵括人类世界，后两者指涉自然界与超越界（神明包含祖先在内）。四点合而观之，人生安稳踏实。

道家期许我们：

1．与自己要安；

2．与别人要化；

3．与自然要乐；

4．与大道要游。

相对于儒家之重视德行修养，道家所要求的是智慧觉悟。要觉悟，不妨使用减法，消除执着，或可体会"天地有大美而不言"。

《易经》号称难学难精，但也可以勉强用四句话来描述：

1．存自己以诚；

2．待别人以谦；

3．观万化以几；

4．合天道以德。

先说"诚"，有"闲邪存其诚，修辞立其诚"二语；次说"谦"，六十四卦只有谦卦是"非吉则利"，最受欢迎；再说"几"，察知几微、预见吉凶，正是象数之妙用；最后是"德"，像"自强不息，厚德载物"，无一不是劝人修养以合乎天道。

我对国学的简单心得既如上述，那么若要撰写一本名为《国学与人生》的书，其基本立场与主要内容也就不言而喻了。

本书的局限

如果有人想了解有关"国学"全面的入门介绍或整体大纲，请不必看这本书。本书所谈，是作者个人基于文化理念的关怀，认为国人应有的国学知识。其主轴在于儒家与道家。为了追溯源流，特地阐述了《易经》《尚书》《诗经》、礼、乐，旁及《山海经》、天人之际。接着，其重点集中于孔子、孟子、老子、庄子这四位中国大哲。然后，再谈到《大学》《中庸》、墨子、荀子、韩非、三纲五常、道教、佛教。最后，则殿以今日仍有影响力的朱熹与王阳明。

撰写这本书的心意，是希望跨越两千一百多年帝王专制政体对传统理念的扭曲与压制。本书毫无保留地推崇儒家与道家，而对其他学派与后代学者多持批判态度。我尽量做到同情的理解，但是累积四十多年在中西哲学方面的训练，使我必须负责地对各家各派有所评论。"知我者，谓我心忧；不知我者，谓我何求！"学术是天下的公器，也是人生智慧之典范。"知之者不如好之者，好之者不如乐之者。"儒道二家的启示得以如实展现，并使生活充实而有意义，实是作者的虔诚愿望。

傅佩荣

2016.7.10

文化·国学·人生

文化以理念为核心，理念使人安身立命。

国学承先启后，发扬完整而根本的理念。

儒家、道家的智慧对现代人生多有启迪。

谈到文化，我们常说"中国文化源远流长"，并对此感到欣慰与自豪。但是谈到这个文化带给我们什么，恐怕就不易说清楚了。文化是祖先留给我们的礼物，礼物太多太杂，就需要一番分辨拣择的功夫。有人类才会有文化，所以在介绍国学之前，不妨先就"文化"一词做个说明。

文化的四特色：人类特有的现象

文化是人类生活的全部，意即有人类才有文化。我们由此可以界定文化的四特色：

1. 异于自然

自然是指天地万物依规律而运行。在《易经》中，坤卦代表生养万物的大地，其中六二的爻辞始于"直"字。"直"是指万物由大地直接产生，而人类所创作的"文"是指交错使用。一片森林中，若有两棵树木"交错"而成一张桌子，就表示曾有人类在此住过。

2. 形成传统

传统是在时间过程中积淀而成，其目的是《老子·第八十章》"小国寡民"所描写的"甘其食，美其服，安其居，乐其俗"，意即每个传统都会致力使其人民活得安全愉快。如果违背这个目的，迟早会被历史淘汰，成为考古学研究的对象。

3. 自为中心

每一种文化都确信自己占有中心地位，亦即在其原始的神话中，会说明祖先是来自超越界的神明，是神明所特别眷顾的民族。我们的祖先称自己的国家为"中国"，"中"字为象形字，取象于旗帜。在部落时代，酋长所居之地，插旗以为号，表示这是中心，依此分出东南西北四方。旗子随风而左右飘，状似"中"字。因此，"中国"一名肯定了这个民族的核心地位。其他民族亦有类似的自为中心的信念。

4. 兴盛衰亡

文化是人类所造的，世间各个族群互相竞争，文化于是也像具有生命一般，出现兴盛衰亡的情况。事实上，自古以来大多数文化已经沦为历史陈迹。因此，重要的是分辨使文化兴盛与衰亡的因素是什么。

要回答这个问题，必须进而说明文化的三个层次。

文化的三个层次：理念就保存在"国学"里

文化是人所造的，人的生命有"身、心、灵"三个层次，因此文化也有三个对应的层次，即"器物、制度、理念"。

1. 器物层次

满足人类具体生活的需要，如衣、食、住、行等。经济繁荣与科技发明使我们在这个层次超越了古人。唐朝杜甫感叹"家书抵万金"，今日手机可以随时联络，直接视讯。

2. 制度层次

从风俗禁忌到法律规章皆属此类。人群组成的社会需要制度，因为个人的思考与行动总是替自己考虑，最后难免以权谋私，以私害公。明末儒者黄宗羲（1610—1695）的《明夷待访录》首篇就谈《原君》，指出专制帝王如何剥削天下百姓以供养一家一姓之人。今日已无帝王专制，大家共同追求的目标是自由、平等、民主、法治等，要以制度来实现人类对"仁爱与正义"的根本愿望。

　　既有器物与制度，为何还须谈那无形可见的理念呢？以欧洲先进国家为例，丹麦的国民年均所得超过三万美元，在器物上堪称丰盛；其国民直到大学毕业，所有学费皆由国家负担，人权也得到充分保障，在制度上应属完善。但是，丹麦的自杀率很高。器物丰盛而制度完善，何以活不下去？这就牵涉到理念的问题。

　　3. 理念层次

　　理念主要描述人的理想与观念，形成特定的价值观，使人依此判断生命的意义与目的。理念主要表现于文学、艺术、宗教与哲学中。文学抒发真实的感受，常能引起共鸣；艺术使用生动的象征，回应了集体潜意识的要求；宗教以其信仰建立人与超越界的关系，使信徒得到根本的安顿；哲学以理性态度了解现实世界，再建构一个有可能达成的理想境界。

　　今日谈文化，对于器物层次要珍惜与维护，对于制度层次要认识与借鉴，但真正要研究与发扬的，则是理念层次。我们的理念就保存在所谓的"国学"里面。

国学的主要内容

　　广而言之，古代留下的文字资料都属于国学范畴，但是正如黄河挟泥沙以俱下，其中有不少浮滥的、复制的、浪费纸张的东西。因此，谈起国学，眼光自然转向经典。即使是经典，如《四库全书》所列的"经史子集",其数量也过于庞大。我们的时间与力气有限,所能阅读、理解并加以应用的更为有限,那么要如何选择呢?

首先,既然所关注的是理念,就要认清"什么理念是完整而根本的"。理念若不够完整,就像探讨人生问题却只注意少年阶段或老年阶段,只看到人生的光明面或黑暗面。理念若不够深刻,则对"生老病死"难以释怀,对"喜怒哀乐"不明所以,对"恩怨情仇"无力化解,对"悲欢离合"莫可奈何。文学与艺术所展示的理念,往往就有这样的问题。至于宗教,则涉及个人是否信仰的机缘与抉择,其教义所展示的理念也难免于独断而没有思辨及讨论的空间。因此,理念之中值得考虑的主要是哲学。

"哲学"一词由西方翻译而来,其原意是"爱好智慧"(philosophy),亦即以理性探索宇宙与人生的根本真相。"理性"是要讲道理的,"探索"代表开放的心态,"宇宙与人生"所指的是完整性,"根本真相"自然是指根本性而言。在中国历史上,有一个特别的时期,就是历时约五百年的春秋战国时代。这个时期何以特别?在它之前是封建制度,礼乐政刑皆上轨道,不必认真思考有关人生意义的问题;在它之后是秦始皇帝王专制,从此一路下去,尊君卑臣,剥削百姓,不容许自由思考这些问题。这短短的五百年间,百家争鸣,诸子各申己见、各立新说,但能够"言之成理,持之有故"的不多。《庄子·天下》历述七家学说,《荀子·非十二子》批评不同立场的学者,到西汉司马谈《论六家要旨》,才算确定了六个有系统的学派,即"儒家、道家、墨家、法家、名家、阴阳家"。这六家之中,表面上各有长短,但只有儒家与道家合乎严格意义上的哲学之名。

判断一套哲学能否成立,要看它是否兼顾三点:第一,澄清概念；第二，设定判准；第三，建构系统。其中以建构系统最难，亦即要为变化生灭的人类世界与自然界找到"来源与归宿"，因为不如此不足以说明"人生的意义与目的"。儒家所谓的"天"与道家所谓的"道"都有一个特点，就是既不是人类也不是自然界。人类之中只有"天子"而没有"天"，自然界由"道"所生而不是"道"。相对于此，墨家的"天志"要依循人类的需要而赏善罚恶；法家的"道与理"局限于自然规律与人类思维；名家的逻辑论辩只是人类语言的巧妙游戏；阴阳家的天人相应则将人类当下的祸福联系于自然现象。因此，后面四家学说，无法建构完整的系统。

从国学到人生

因此，谈国学须以儒家为主，并以道家为辅。

以儒家为主，这固然是历史上的事实，就是司马迁在《史记·孔子世家》所说的，"中国言六艺（六经）者，折中于夫子"，而历代专制帝王也确实利用儒家来教化百姓。但正是这种帝王专制扭曲了先秦儒家的原始理想。至于道家，则以其开阔的视野，提供心灵与道契合的无限空间，但也同样受到后代的误解与误用，以致显得面貌模糊。

因此，若要探讨国学对人生有何启发，首先要做的是正本清源。西方近代文化能够展现活泼的生机与动力，必须推源于十五世纪的文艺复兴运动，回到古希腊与罗马初期，一举跨越一千三百多年的宗教钳制。中国文化呢？我们面临更大的挑战，要跨越的是两千一百多年的帝王专制，回到先秦的儒家与道家。关于这个问题，学者难免各有所见，那么不妨再来营造一次诸子争鸣的盛况。

当然，在源远流长的文化发展过程中，我们不能忽略从起源到流变的重要材料。所以，呈现在各位读者面前的这部《国学与人生》，是以儒家为主，对《易经》《尚书》《诗经》、礼、乐的诠释，皆采取儒家观点，同时也侧重介绍孔子、孟子等先秦儒家的学者与经典，兼及朱熹与王阳明。以道家为辅，在充分发挥老子与庄子的思想的同时，旁及其对道教与佛教的影响。至于《山海经》与墨子、韩非等思潮，也附带做一介绍，使国学的架构虽未能全面兼顾，亦可稍显完整。总之，我们今天谈国学，所侧重的是它对人生的启发，并且是正面而积极的启发。

01

《易经》乃群经之首，学会可以终身受用

《易经》是大道之源、群经之首，中国第一部经典。观察天地之道以安排人之道。以八卦为基本符号，六十四卦为人生密码，学会可以终身受用。

谈到国学，我们首先想到的是一大套书，称为《十三经注疏》。这是古人智慧的结晶、中国文化的宝库，而《易经》位列其首。这不仅因为《易经》在时代上最为古老，更因为它的内容涵盖了天道、人道、地道，亦即要在天地之间让人类安身立命。其方法是"设卦观象"，用符号代表自然界的现象，再借由符号的组合与移动，描绘自然界千变万化的奥妙情境，并依此展示人间的吉凶祸福与因应之道。

《易经》这本书

目前通行的《易经》读本，其实包括《易传》在内。原始的《易经》只有二十页左右，内容是：六十四个卦图，每个卦有一句说明（称为卦辞），每个爻（一卦六爻，共三百八十四爻）也有一句解说（称为爻辞）。如此而已。唐朝孔颖达在《周易正义序》中提出八点论述：

1. 论易之三名："易"字有易简、变易、不易三个意思。
2. 论重卦之人：伏羲氏（距今五千多年）最先设计了八个单卦（三爻卦），再两两重叠为六十四卦（六爻卦）。
3. 论三代易名：夏代有《连山》，殷代有《归藏》，周代有《周易》；在此，《易经》是指《周易》而言。
4. 论卦辞爻辞谁作：答案是周文王（今日学者认为应加上周公或某位西周卜官）。

5. 论分上下二篇：上篇自乾卦到离卦（前三十卦），下篇自咸卦到未济卦（后三十四卦）。

6. 论夫子十翼：以孔子为十翼（此即《易传》，共有十篇）的作者（今日学者认为十翼应该是早期儒家的共同杰作）。

7. 论传易之人：从孔子的学生商瞿，一直到注解《易经》的王弼。

8. 论谁加经字：答案是无从查考。

由此可知，伏羲氏、周文王、孔子这三位古代圣人皆与《易经》有关。在此，先补充说明《易传》（十翼）的内容：

1. 彖传（依六十四卦分上下二篇）：用来解释卦辞，并说明每一卦的卦名与卦义。

2. 象传（也依六十四卦分上下二篇）：说明每一卦的卦象以及每一爻的爻象与爻辞。

3. 系辞传（因内容丰富而分上下二篇）：提供《易经》的哲理阐述。

4. 文言传：充分解说乾卦与坤卦。

5. 说卦传：有如小字典，介绍基本八卦的组合与用意，以及各卦所象征的实物、特性与处境。

6. 序卦传：叙述六十四卦的排列顺序，找出简单的因果关系。

7. 杂卦传：分六十四卦为三十二组，并做扼要诠释。

以上为《易传》，共有七部十分，合称十翼。

《易经》的基本假定是：万物的起源、发展、变化与终结，都是"阴"与"阳"这两种元素或力量所造成的。阳爻（—）为主动力，阴爻（--）为受动力，合主动力与受动力而造成变化。所谓"爻"，其意为"效"，效法万物之变化也。由阳爻与阴爻形成了基本的三爻卦。所谓"卦"，是指"挂"在那儿的现象。自然界有八大基本现象：天、地、雷、山、火、水、泽、风，画成了八卦，依序是：乾（☰，天）、坤（☷，地）、震（☳，雷）、艮（☶，山）、离（☲，火）、坎（☵，水）、兑（☱，泽）、巽（☴，风）。

由这八个单卦两两相叠，形成六十四卦，代表六十四种特殊的自然现象，以及与其相对应的六十四种人间处境。然后，每卦有六爻，代表六个位置，于是人间处境再展现出三百八十四种不同的位置。这些足以使人眼花缭乱，但真实人生并非如此简单即可掌握。因此，《易经》一方面助人因应特定状况，同时也提醒人"世事无绝对"，我们还是有主动抉择的能力与责任。

如何读《易经》？

《易经》六十四卦是由八个基本卦所组合成的，因此首先要记住八卦。有一个简单的口诀：乾三连（☰），坤六断（☷），震仰盂（☳），艮覆盌（☶），离中虚（☲），坎中满（☵），兑上缺（☱），巽下断（☴）。会背口诀，自然会画。然后由八卦两两相重就形成六十四卦。

接着，必须稍费心思，依序背诵六十四卦。南宋朱熹编写的《周易卦序歌》可供参考，其文如下：

乾坤屯蒙需讼师，比小畜兮履泰否；
同人大有谦豫随，蛊临观兮噬嗑贲；
剥复无妄大畜颐，大过坎离三十备；
咸恒遁兮及大壮，晋与明夷家人睽；

蹇解损益夬姤萃，升困井革鼎震继；

艮渐归妹丰旅巽，兑涣节兮中孚至；

小过既济兼未济，是为下经三十四。

　　背完卦名次序歌之后，还有更难的一步，就是要能画出这些卦图。每一卦都是由两个基本卦组成的，而基本卦的原始象征是自然界的八种现象。在画卦的时候，要养成由下往上画的习惯。因为人的眼睛与记忆是由上往下的，所以口中念的卦象组合是从上往下，而手中画的则是由下往上。譬如同人卦是"天火同人"（☰），大有卦是"火天大有"（☰），其余依此类推。

　　以上只是入门知识，读懂卦辞与爻辞，才是最难的挑战。譬如，乾卦初九的爻辞是"潜龙勿用"，这是什么意思？首先，乾卦六爻有四爻提到"龙"，这是因为古人认为龙是充满活力，在水中、地上、天空都可以自由行动的生物，只有它最能代表乾卦六个阳爻所显示的无限生机。其次，为何说初九是潜龙？因为六爻配合天、人、地三才（三个层次），初与二为地，三与四为人，五与上为天。初是地的底下一爻，由此转成地面之下，地面之下为水，所以说潜龙。至于"勿用"，则是占验之辞，表示这时不能有所作为，因为位置太低，往上又有五个阳爻挡着，所以最好稍安勿躁，加强自身修养，以备将来之用。历代学者研究《易经》，可谓费尽心思，分为许多流派。总的来说可分为两派六宗。两派为象数派与义理派。象数派分为占卜、祥、图书三宗，义理派分为老庄、儒理、史事三宗。无论何派何宗，首先都要读懂卦辞与爻辞。探讨这些问题，进而把《易经》应用到天文、地理、政治、经济、军事、养生、风水，以及个人吉凶祸福、出处进退等领域的，可以统称为"易学"。古人有"闲坐小窗读周易，不知春去已多时"的诗句，显示了研究《易经》的无穷趣味。

《易经》有什么用?

我们在此先简单介绍《易经》在古代的应用,然后再另文做详细说明。其应用之处即是前面所说的两派:象数与义理。

象数是用以占筮未来的。《尚书·洪范》在规划治国的九畴中有所谓"稽疑",就是当天子遇到重大抉择时,要如何厘清疑惑。方法有五:三个询问人意,两个请示天意。后者是指龟卜与占筮,而占筮即是以蓍草进行,其结果要参考《易经》的卦辞与爻辞,依此来决定吉凶悔吝。由此可知,使用《易经》来预测未来时,并不是要抛弃理性思考的正常运作,而是要作为辅助工具,有如请教神明指示。至于这种占筮何以准确,则有待另文说明。

义理则是指做人处事的道理,亦即人生的应行之道。这在《易传》部分加以发挥。譬如,经由梁启超的建议,清华大学以"自强不息,厚德载物"为校训。这两句话出自乾卦与坤卦的《大象传》(解释全卦的称为《大象传》,解释六爻的称为《小象传》)。《易经》有六十四卦,其中五十三卦的《大象传》提及君子应该如何修养德行、展现智慧、提升能力。其中名言佳句极多,可供我们学习效法。

单就义理而言,《易经》(尤其是《易传》)代表儒家思想的发展,总是劝人行善,甚至在必要时可以牺牲生命(如困卦《大象传》之"君子以致命遂志")。但是在象数方面,它则提供了解决问题的参考,对人生有许多实际的帮助。我在认真学习《易经》之后,曾归纳了三点心得,就是不学一定不会,学了不一定会,学会终身受用。这不是一门容易的学问,但正因为困难,所以值得一学。谈到国学对我们现代人生的启发,又怎能错过《易经》呢?

02

《易经》的象数：
养成达观心态看待自身处境

象数用于占筮，预测未来以供决策参考。
西方心理学的共时性原理，确认占筮并
非迷信。不诚不占，不义不占，不疑不
占。人须培养德行、能力与智慧。

　　古代帝王在决定国家大事时，采取五种考察疑惑的方法。其中有三种诉诸人的理性判断，有两种诉诸天意，这是因为人只能把握过去与现在，而无法预测未来。未来的发展当然不能缺少人的群策群力，但有时人算不如天算。诉诸天意的方法是龟卜与占筮（或称占卦）。龟卜是以龟甲与牛骨作为工具，其遗迹即是今日已成为考古学重要资产的甲骨文。占筮则以蓍草为工具，所以除了少数几段文字记录的数据外，没有留下任何线索。以上是根据《尚书·洪范》所做的合理阐述。

　　因此，《易经》占筮一方面与古今其他民族的占卜方法有类似之处，都是依某种原理来预测未来之事，我们稍后即将说明这种原理是什么；另一方面它有一个最大的特色，就是在解卦时以《易经》文本（最初的那二十页）为基础，而少了信口开河或欺瞒诈骗的空间。《系辞》上传"大衍之数五十，其用四十有九"那一段叙述，就是描写古人以五十根蓍草进行占筮的步骤。原文可能有些缺漏，以致显得语焉不详。现在值得说明的是：占筮的原理是什么？以及占筮有些什么规矩？解卦时应注意什么？

占筮何以能够预测未来？

　　首先，我们所谓的"宇宙"，是指"上下四方曰宇，往古来今曰宙"，亦即宇宙是指时间与空间的整体。古人的宇宙观显然是机体论的，而不是机械论的。所谓机体论，是把宇宙当成一个有机体，其中的万物宛如构成一个生命，前后相续而声气相通，人在天地之间与万物可以相互感应。至于机械论，则是以宇宙为物质所形成的机械组合，万物可以切割处理，人在其中虽有卓越的观察位置，可以由此发展科学与技术，但难免觉得孤立无援。

以机体论的宇宙观为背景，伏羲氏才有可能"仰则观象于天，俯则观法于地，观鸟兽之文与地之宜，近取诸身，远取诸物，于是始作八卦，以通神明之德，以类万物之情"。（《系辞》下传）这里说的"以通神明之德"，即指神明可以预知未来而言。《系辞》上传说："是以君子将有为也，将有行也，问焉而以言，其受命也如响，无有远近幽深，遂知来物。"这表示用《易经》可以占问未来，并得到明确的答复。我们先假定这种占筮确实可以预告未来，那么它的根据何在？现代西方心理学有关心电感应的研究对此提出了一个合理的说明。

瑞士心理学家荣格（Carl Gustav Jung，1875—1961）长期研究《易经》占筮，配合心电感应的现象，提出一个术语，称为"共时性原理"。人们观察一件事，常注意前因后果，就是照时间上"过去、现在、未来"的"历时性原理"来思考。譬如今天我投资赚了钱，我会想到几种原因，如祖先庇佑，所谓"积善之家必有余庆"；如自己积德，"善有善报"；如事前考虑周到，没有意料之外的状况，等等。这时可能忽略了一点，就是"同时发生的现象有其内在的关联"，亦即共时性原理。

心电感应即是例证。荣格指出，心电感应的现象相当普遍，两件同时发生的事看似毫无关系，有如"偶然"，但却相互联结，彼此感应。荣格称此为"有意义的偶然"。张三出门时听到喜鹊叫，他这时正在考虑一件投资案，于是心血来潮做了决定，后来果然如其所愿。这种解释有两个问题要先思考：第一，别人也听到喜鹊叫，为何没有好运？这是因为别人当时心中并无疑虑，也未碰到选择的难题。第二，张三听到喜鹊叫而未做决定，好运会不会自动降临？当然不会，这是他自己错过了机会。许多人会质疑：这不是有些迷信吗？这不是心理暗示或过度解读吗？

请注意，我们从来不曾说过可以只靠或全靠《易经》占筮来做决定。人有理性，自然应该做合乎逻辑的推论，但是推论再周全也无法保证未来的发展如何。如果求教于《易经》占筮，如同多了一位超级顾问，《系辞》下传描述占筮的举动是"无有师保，如临父母"。当一个人担任主管或老板，在做重大决策时，没有老师与保护者可以请教，这时占筮就等于是向父母（指祖先之灵）请益。譬如，生病要找医生诊治，这是正常而合理的做法，但能不能治好，我们只能听天由命吗？这时借占筮预知未来，可以让人早做准备。占筮的结果有吉有凶，但《易经》会提醒人"天道无吉凶"。

因此，学习《易经》不但不会迷信，反而会使人以达观心态看待自身处境。人在占筮时总有某种愿望，所欲未遂时，只有加强自己在"德行、能力、智慧"三方面的修养。《易经》的义理部分即是往这三方面（尤其是德行）做了充分的发挥。一般人习惯在"历时性"过程中寻找因果关系，现在如果兼顾"共时性"原理，在同时发生的现象中，留意"有意义的偶然"，不是可以得到更完整的信息吗？

占卦三不：不诚不占，不义不占，不疑不占

占卦既然是向祖先之灵请教，理当有些规范，简而言之即是：不诚不占，不义不占，不疑不占。

所谓"不诚不占"是说，占卦时必须心存诚意，保持严肃而认真的态度，占得结果之后则须谨慎遵行。譬如，乾卦九三爻辞

说："君子终日乾乾，夕惕若。厉，无咎。"你不能看到最后两个字"无咎"，就以为没有灾难，就放心大意。因为前面所描述的是达到"无咎"的前提，亦即君子整天勤奋不休，到了晚上还是戒惕谨慎，如此虽有危险（厉）也不会有灾难（无咎）。依整句爻辞去行动，才算是有诚意。有些人占问一个问题，看到答案不理想，就想再占一次，这当然是不诚的举动，不可为也。但是同一个问题就不能再度占问了吗？可以，但要隔三个月，因为古人认为三月为一季，季节改变了，一切都会调整。"易"原指变化而言，又怎能不与时俱进呢？

其次，"不义不占"是说，不合理、不正当的事，不必占卦。有人占问世界和平、股票涨跌、别人福祸等，当然不宜。若是身当其位或受人委托，则合乎义的原则，占之可也。

最后，"不疑不占"是说，凭常识或看电视就可以知道的信息，如天气好坏、班机误点等，就不必麻烦占问了。若有异乎寻常的现象，值得让人疑惑的，则应立即占问。

占卦有一套标准的操作规则与程序，那是不难学会的。但是，"占卦容易解卦难"，为了正确解卦，学习《易经》所下的功夫是没有止境的。解卦时也有些应该留意的事。

解卦三不：不搞神秘，不给建议，不涉利益

我们始终强调《易经》是国学中最特别的一门课，因为它包含义理与象数两个方面。义理启发我们做人处事的道理，象数提供选择决定的参考。由于象数在一定程度上可以预测未来，于是有些人以此为生，成为算命师。这是社会上各行各业的供需问题，我们在此无意评论。但是我建议学会占卦的朋友在解卦时做到以下三不：

首先，"不搞神秘"。不论占得何种结果，都要回到《易经》文本，就其卦辞与爻辞做清楚说明，而不宜谈及因果或报应等涉及迷信的题材，尤其不可妄言改命或改运之说。试问：占得之卦若可借由某种方式改变，那岂非证明占卦之虚妄？此时人只有努力修养德行、增强能力、提升智慧。

其次，"不给建议"。若是为别人占卦，则只宜解说卦爻辞的意思，不必提供任何具体建议。你如何得知别人的问题细节或他特有的苦衷？你又以什么身份告诉别人应该如何选择？

最后，"不涉利益"。保持超然而客观的态度，如此方可就事论事，说清楚《易经》对人生的帮助。一旦涉及个人利益，则逐渐走上江湖术士之路，后果堪虑。

总之，中国古人最悠久也最深刻的智慧，即在《易经》一书之中。它有儒家所诠释的高明理论，也有先贤非常实用的占筮之道。我们如果因为有些人靠占筮谋生而显示迷信的缺点，就以为《易经》是算命工具，那不仅不公平，也将错失最有价值的国学资产。

03

《易经》的义理：
观天道以立人道

居安思危，忧患意识使人活得踏实。
乐天知命，了解时势把握个人机运。
守经达权，坚持原则又可随遇而安。

《易经》的义理在《易传》中得以充分发挥，主要代表了儒家学者的心得。《易传》有十个部分（十翼），各部分的写作目的不同、完成时间不一、作者身份不明但核心观念类似——"观天道以立人道"，启发人在"德行、能力、智慧"方面精益求精。简而言之，就是期勉人们：居安思危，乐天知命。

居安思危

"易"有"变易、不易、易简"三义，其中以变易为普遍现象。既然未来难以预料，人又怎能高枕无忧？幸好还有不易之理，提醒我们变易仍有不可更改的普遍规律，如物极必反、阴阳互动互补、居中守正实为常道、上下相应较为安全等。至于易简，则指阳刚之变"容易"施展，而阴柔之化"简单"承受，人不必枉费心机，而应察知几微顺时而行。三者合而观之，则可悟得《易经》的义理。

所谓居安思危，可由以下四个方面来看。

1. 主动调整心态

《序卦传》认为六十四卦的排列顺序有其一定的道理，显示了前后相因，正反相随，循环往复，更上层楼。譬如，小畜卦（☴，风天小畜，第九卦）所描写的卦象是以小（六四，阴爻称小）来畜养全卦（有五个阳爻，阳爻称大），其卦义则是指小有积蓄。小有积蓄表示衣食无缺、仓廪渐丰。接着上场的是履卦（☱，天泽履，第十卦），意指：穿鞋走路，要谨守分寸与规矩，依礼而行则不会遭人物议，如此坚持到最后的上九，可以得到"元吉"的占验。孔子在《论语·学而》中提及"富而好礼"，其意在此。

不仅如此，大有卦（☲，火天大有，第十四卦）所肯定的是大有积蓄，是物阜民丰，但紧接着出现的是谦卦（☷，地山谦，第十五卦），亦即不但不可财大气粗，反而要修养谦虚之德。谦卦的卦象是：一座山隐藏在地底下，表示一个人内在有权势、财富、名望、地位，但外表平易近人有如平地一般。谦卦六爻非吉则利，又岂是容易做到的？于此，《易经》教人调整心态，更上层楼。

2. 明白物极必反

我们常说，"祸福无门，惟人自召"，又说"祸福相生相倚"。因此，如何面对祸福，是人生所不可不知的。譬如，"否极泰来"是一句俗语，表示苦尽甘来，但《易经》所列的卦序正好相反，说的是先泰后否。泰卦（☷，地天泰，第十一卦）表示亲近君子（乾卦在内）而远离小人（坤卦在外），所以政通人和、国泰民安。但紧接着的是否卦（☰，天地否，第十二卦），情况全倒过来，成为内小人而外君子，小人道长而君子道消，一切都闭塞不通而大事不妙。

另有两个卦则展示不同的趋向，合成一语即"剥极则复"。剥卦（☶，山地剥，第二十三卦），五个阴爻一路上冲，眼见上九不保，命在旦夕。接着出现复卦（☷，地雷复，第二十四卦），则见初九一阳复起，重显生机。只要坚守阵地，即可拨云见日，得到再生的契机。

3. 必须预为筹谋

家人卦（☲，风火家人，第三十七卦）描写家人相聚之温情，配合适当的教育即可和乐融融。但天下无不散的筵席，家人亦不例外。子女终将各自成家，所以接着出现睽卦（☲，火泽睽，第三十八卦），表示睽别隔离，分道扬镳。因此，人岂能不珍惜眼前的相处时光？

另外，我们看到丰卦（䷶，雷火丰，第五十五卦），代表真正的物资丰盈，到了大富的程度，但此卦一再出现"日中见斗"（白天看到星斗）一语，表示人往往由于富裕而失去心灵的光明，可谓得不偿失。接着上场的是旅卦（䷷，火山旅，第五十六卦），有如旅人在外诸多不便，稍一不慎即生灾难。若因财富累积而使心灵迷失到无家可归的地步，岂不遗憾？由丰而旅，能不让我们深自警惕吗？

4. 保持忧患意识

《系辞传》多次提及"忧患"一词，展示圣人的关怀之情。时代的危机、社会的动荡、人心的迷惘、价值的混淆，在在提醒我们要保持警惕。《易经》有两个卦的卦辞提到"王假有庙"，意指：君王来到宗庙，举行祭祀活动。此即萃卦（䷬，泽地萃，第四十五卦）与涣卦（䷺，风水涣，第五十九卦），所描写的分别是：人群的聚集与分散。人群聚集时，容易争夺利益；人群分散时，容易忘记根源；此时唯有祭拜共同的祖先，共体时艰，才能凝聚人心，和睦相处而饮水思源。孟子说"生于忧患而死于安乐"（《孟子·尽心上》），亦为同理。有关居安思危，《系辞》下传说得最直接，子曰："危者，安其位者也；亡者，保其存者也；乱者，有其治者也。是故君子安而不忘危，存而不忘亡，治而不忘乱；是以身安而国家可保也。《易》曰：'其亡其亡，系于苞桑。'"意即："危险的，是那安居其位的人；灭亡的，是那保住生存的人；动乱的，是那拥有治绩的人。因此之故，君子在安居时不忘记危险，在保存时不忘记灭亡，在太平时不忘记动乱，如此才能使自身平安，并且保住国家。《易经》说：'想到要灭亡了，要灭亡了，这样才会系在大桑树上。'"

乐天知命

前面提到的忧患意识与察知几微，《系辞传》以一句话明之："乐天知命故不忧。"《易经》讲究"时"与"位"，在占卦时，所得之卦为"时"，代表整个格局与大势所趋；所得之爻为"位"，代表个人目前的位置与遭遇。所谓"乐天知命"，意指对于格局与时势，要以正向而乐观的心态去面对，对于个人的遭遇与命运，则须认真了解，以求改善及提升自己的德行、能力与智慧。

1. 如何做到"乐天"？

《系辞》下传说："易，穷则变，变则通，通则久。"这表示天下任何格局与时势，只要持续存在，就会进行"穷、变、通、久"的循环过程。用于人间事务，则须我们先具备此一观念，再审查时势之所趋，设法在"变"与"通"二字上下功夫，并且明白"久则穷"之后又要继续求新求变。只要与时俱进，又何惧乎挑战？

《文言传》专门发挥乾坤二卦的深刻道理。乾卦象征"天"，其中对人的要求在于"诚"。首先，所谓"闲邪存其诚"，是说防范邪恶以保存自己的真诚。这表示真诚与邪恶不能并存。这句话同时也启发了人性向善的观念。其次，所谓"修辞立其诚"，是说修饰言辞以建立自己的真诚。这表示言为心声，并且要接受适当教育才有能力修饰言辞，使自己在与人沟通时可以充分表达心意，由此建立自己的真诚。孔子教学有四科之分，"德行、言语、政事、文学"（《论语·先进》），其中德行所指与"闲邪"有关，而言语位列第二，确有深意。因此，乐天之人领悟"穷变通久"之理，并且以诚修身。

2. 如何做到"知命"？

儒家谈"知命"，始于孔子。他不仅知天命，而且畏天命。这个天命包含人的使命与命运，但显然以使命为主。人的使命简单说来即在依循人性向善的思路，进行择善固执的功夫，以期达成止于至善的目标。孔子说："不知命，无以为君子也。"（《论语·尧曰》）知命的君子在《易经》五十三个卦的《大象传》中都得到了清楚的指点，同时要参考《文言传》坤卦部分的一句话："君子敬以直内，义以方外；敬义立则德不孤。"以严肃态度持守内心的真诚，以正当方式规范言行的表现；做到既严肃又正当，德行一定可以得到人们的肯定。

同时，谈到"知命"的"知"字，不能忽略前面所说的察知几微。所谓"知几，其神乎！"也就是说，看见端倪，就了解下一步的走向，有如见一叶而知秋，或坤卦初六所说的"履霜坚冰至"。当然，许多问题的症结，在己不在人，在内不在外；就算问题确实是别人造成的，但只要此人此事与我有关，则至少我仍负有道义责任，也可以尽力改善此一处境。若使用象数来占问具体事件，则所知者多为命运。此时不可忽略人生整体的使命，本末先后不可易位。

整体而言，《系辞传》发挥的义理最多也最深，但其他各传对六十四卦的卦辞与爻辞所做的说明也句句值得玩味，对个人的启发最直接、最有用。

04

洪范·九畴：
统治者或管理者的大法则

政治有九大范畴，目的是仁爱与正义。
仁爱是使百姓安居乐业，正义是使善恶
皆有报应。天子体现绝对正义，并以父
母之心照顾百姓。

按照大致的推算，夏朝四百多年，商朝六百多年，周朝先后共八百多年。换言之，中国在周朝之前已有一千多年的可信历史。这一千多年之中，国家是如何组织如何运作的？君主的角色与责任是什么？百姓如何可以安居乐业？这些问题在《尚书·洪范》中得到了清楚的答复。

《尚书·洪范》的背景

周武王革命成功，取代了商朝，成为天下共主，时间约在公元前1122年。得天下与治天下是两回事，武王于是请教商朝遗贤箕子（商纣王的叔父），他说："上天照顾百姓，使他们安居乐业，但我不明白其中的常法常则，请您指教。"

箕子于是为他叙述夏朝开国之初的情况：禹治平洪水，建立大功，上天就赐给禹"洪范九畴"，作为常法常则。洪范为大法，九畴为九类。今日常用的"范畴"一词源出于此。国家所应具备的是以下九类大法则：

初一曰五行，次二曰敬用五事，次三曰农用八政，次四曰协用五纪，次五曰建用皇极，次六曰乂用三德，次七曰明用稽疑，次八曰念用庶征，次九曰向用五福，威用六极。

五行、五事、八政、五纪

　　首先，五行是"水、火、木、金、土"，其初步性向依序是"润下、炎上、曲直、从革、稼穑"；人对这五行的直接感觉是五种气味，依序是"咸、苦、酸、辛、甘"。从上述五行的顺序、初步性向与产生的气味，可知它所指的是我们常见的五种素朴的自然材料，这些也是人类生活不可或缺的凭借。这样的五行观念无疑是最古老的，亦即不是《易经》后天八卦所谓的"木、火、土、金、水"——可以相生相克的顺序，更与后来的"五德终始说"没有任何关联。人的生活不能脱离自然界，因此在建立国家时，首先要能把握五行等自然资源，以求互通有无、均衡发展。

　　其次，所谓敬用五事，是就人类本身的天赋能力而言，有五方面必须谨慎修养。五事是"貌、言、视、听、思"，修养时要依序注意"端庄、可行、目明、耳聪、理解"，而其目标则是"严肃、和顺、明辨、善谋、睿智"。人的天赋本能必须朝正确方向去培育发展，不然难以共同生活而相安无事。

　　接着，所谓农用八政，是指要认真分配八个行政部门的功能。并且在农业社会，食为八政之首，所以说农用，其意为厚用。其内容为：食（农业）、货（货物）、祀（祭祀）、司空（使民安居）、司徒（教育百姓）、司寇（管理治安）、宾（外交事务）、师（国防武力）。后代的国家亦以此为基础，再扩而增之。

　　至于协用五纪，则要配合天时与节气。五纪直接决定了农业社会的生产方式与成效。其内容为：岁（一年四季）、月、日、星辰（二十八宿、十二辰）、历数（节气的规则）。

　　以上四类，所考虑的是自然界的资源、人的天赋能力、政府的主要部门，以及天时的循环规律。这些条件可以建立国家，但还称不上理想的国家。关键在于第五畴的皇极，亦即君主作为统治者应该有何表现。所谓"洪范"的核心理念亦在于此。

皇极：天子体现绝对正义

"皇极"意为"大中"，代表绝对正义。君主统治百姓，必须做到两点。一是仁爱：要使百姓生活无虞，尤其要照顾孤苦无依的弱势者；二是正义：要使百姓所盼望的公平正义得以实现，亦即善恶皆有适当的报应。九畴中的前四畴侧重的是保障百姓的生活条件，所能做到的是仁爱。至于正义，则完全寄托于君主身上。关于这种绝对正义，以下是一段如诗般的期许：

> 无偏无陂，遵王之义。无有作好，遵王之道。无有作恶，遵王之路。无偏无党，王道荡荡。无党无偏，王道平平。无反无侧，王道正直。会其有极，归其有极。

简单的一段话，使用了十个"无"字，借以凸显对王道的"绝对"要求：君主不可有所偏颇，有所好恶，有所偏党，有所反侧。"极"为"中"，要使天下人一起效法这种大中的正义精神。以"无"字来说明"绝对"，表示至高无上的理想与永无止境的期许。三代王道的基础正在于此。

百姓只要了解这个道理并依此而行，就可以接近天子之光。然后是"天子作民父母，以为天下王"。在此，"作民父母"一语等于再度提醒君主对百姓有仁爱照顾的责任。如此才可得到天下人的"归往"，成为真正的王。

"皇极"列为九畴中的第五畴，也有居九之中位的意思，有如屋脊居中，使一建筑得以完成。以此为准，后续四畴才可依序展开。

三德、稽疑、庶征、五福六极

第六项是"乂用三德"。治理百姓要用三种方法，就是"正直、刚克、柔克"。国家上轨道而社会安定，就以正当及正常的方式来治理；然后，以刚强手段对付忤逆不顺者，以柔软手段对待和顺从命者。接着警惕统治阶级，不可"作福、作威、玉食"，否则国家必定陷于危亡。

第七项是"明用稽疑"。在考察疑惑时，如何可以辨明适当的抉择。这里特别指出要设立"卜筮"之官员。何以如此？在遇到国家大事疑而未决时该怎么考虑？"汝则有大疑，谋及乃心，谋及卿士，谋及庶人，谋及卜筮。"意即，国君此时有五方面的参考：

1. 天子身居王位，要由宏观角度，用心思考该怎么做。
2. 卿士各有负责的部门，要就其专业角度提供对策。
3. 庶人可以反映其想法与愿望，这表示古代对民意的重视。

以上三者属于人的筹划，但有时人算不如天算，许多未知因素又该如何把握？所以接着谈到"卜筮"，要测知天意。卜为龟卜，以龟甲或牛骨问卜；筮为占筮，以蓍草问卜，所依循的是《易经》的文本。一般而言，五者中有三者结果相同，则可从之。这种稽疑之法兼顾人意与天意，可称完备。

第八项是"念用庶征"。要考虑政治上的稽疑结果在庶民生活上的验证如何。古人认为，施政之成败可由农业收获见之，而后者又关联着自然界的气象，如"雨、旸、燠、寒、风、时"，这里以"时"字为关键，亦即前述五种气候是否各以其时，使农耕收获丰盛，百姓可以乐其生。可见古人顺应天时地利，与自然界保持和谐的心态十分明显。

第九项是"向用五福，威用六极"。"向"为劝导，"威"为惩戒。我们常说的"五福临门"，典出于此，其内容是"寿、富、康宁、攸好德、考终命"。行善之人必有福报，可以"长寿、富裕、健康平安、爱好美德、寿终正寝"。这五者之中，"寿、富"常为天定，"康宁、考终命"常依所处时代而定，只有"攸好德"操之于己。

至于"六极"，是指六种恶报，使人陷入困境，其内容为"凶短折、疾、忧、贫、恶、弱"。"凶短折"是指遇事皆凶、年不及六十、年不及三十；"恶"为丑陋；"弱"是指懦弱。这三者加上贫与疾，有时事出无奈，非人力可以左右。人可以努力改善的只有"忧"，亦即减少不必要的忧虑。

若以上述五福六极作为人在世间行善或行恶的报应，实为浅显之见，经不起深入分析。由此可知《尚书·洪范》所述的内容确在远古时代，百姓还谈不上分辨善恶与自主选择，因而对于善恶的报应也无暇探讨其是否合理，君主也只能就常识所及的福与祸来劝导及惩戒他们。

以上是中国古代建立国家时所具有的一套完整思维。它提醒我们，国君的重责大任，在统治百姓时不但要使他们丰衣足食、平安度日，也须展现绝对正义，使善恶皆有适当报应。仁爱与正义得以实现，才是国家的理想，也才可能造就理想的国家。同样，对于一个企业或其他社会组织而言，也该遵循此等道理。

05

《尚书》：
了解国家兴亡的道理

上天选派君与师来服务百姓。"为君难，为臣不易"，大家兢兢业业，则国家兴盛。"惟其言而莫予违也"，唯国君之命是从而不分是非，则危矣。

　　司马迁在《史记·孔子世家》中说："中国言六艺者，折中于夫子。"六艺即是六经，而孔子皆深入研究、详加编订，再温故知新、学以致用。以《尚书》为例，书名所指为"上古之书"，起自唐尧、虞舜，下迄春秋时代的秦穆公。如果想了解中国人对于"政治"最原始的想法，那么最可取的即是经由孔子的观点。

　　简单说来，国家的组成与运作，必有统治者与被统治者。统治者人数极少，依"天子有天下，诸侯有国，大夫有家"来看，皆是以君一人或一族为主，并以臣（各级官员）搭配，形成统治阶级；而为数众多的百姓负责生产与纳税，形成被统治阶级。这种政治结构的目的在周武王的《泰誓》中清楚展示："天佑下民，作之君，作之师，惟其克相上帝，宠绥四方。"君与师的任务是要帮助天（或上帝）来照顾四方百姓。天子是"作民父母"与"予一人"，必须承担关键责任，其成败反映在百姓的意愿中，所谓"天视自我民视，天听自我民听"，并且"民之所欲，天必从之"。因此，周武王起而革命，是"顺乎天而应乎人"（《易经·革卦·象传》）的大业。

　　以此为基础，可以了解国家兴亡的道理。

一言兴邦

　　鲁定公需要座右铭，于是询问孔子：有没有一句话就可以使国家兴盛的？孔子的答复是"为君难，为臣不易"（《论语·子路》）。这句话总括了《尚书》所有官方文告的主要精神。

《尧典》叙述尧的统治如何恭谨谦让，德行广被，从个人到九族，再到百官，推及万邦与所有百姓。农业社会依赖天时与地利，天时由羲氏与和氏完成大任，地利则困于洪水而无计可施。尧在位七十年，禅让其帝位于舜。舜出身微贱，但德行卓越，感化了素行不良的家人，使天下百姓闻风景从。他奉行祭祀，巡守四方，任用贤臣。贤臣有：禹负责治水，弃（后稷）指导农耕，契教化百姓，皋陶主持司法，垂率领百工，益掌管山泽，伯夷安排祭典，夔制作音乐，龙传达谏言，等等，共任命二十二位大臣。

舜再禅让于治水有功的禹。《大禹谟》说："后克艰厥后，臣克艰厥臣，政乃乂黎民敏德。"意为：君主能够承担艰难的君主责任，大臣能够承担艰难的大臣责任，然后政治才会上轨道而百姓也会赶紧修德了。这段话正是孔子"为君难，为臣不易"之所本。统治阶级必须以仁爱与正义对待百姓，也就是重视六府三事。六府是"水、火、金、木、土、谷"，这与《洪范》五行的顺序稍有不同，并增加了谷，肯定了"民以食为天"。三事是"正德、利用、厚生"，其中"正德"列为第一，肯定了德行与正义的重要。

君臣如此兢兢业业、念兹在兹，固然是为了尽好"代行天工"的责任，同时也是因为如果没有合宜的治理（包括教化与刑赏），则百姓很容易误入歧途。这表示当时所知的人性，不但谈不上"本善"，反而有其根本的问题。依《大禹谟》记载，舜肯定禹的治水贡献，要把帝位禅让给他时，提醒他："人心惟危，道心惟微，惟精惟一，允执厥中。"这四句话中，后三句等于要求禹把握道心，要完全专注，守中而行。在此，道心显然异于人心，代表君主身为天子所应有的修养目标；而人心则是百姓大众的真实心态。"人心惟危"一语表示古人深知人性大有问题。

什么问题呢？在《仲虺之诰》中，仲虺告诉商汤说："呜呼！

惟天生民，有欲无主乃乱。"意即：百姓有欲望而没有君主统治管理，就会胡作非为。另外，在《君奭》中，周公劝导召公时说："呜呼！君惟乃知民德，亦罔不能厥初，惟其终。"意即：你知道百姓的德行表现，开始时都能走上正途，就是无法坚持到底。

类似的观点在《诗经·大雅·荡》有："天生烝民，其命匪谌？靡不有初，鲜克有终！"意即：天生众民，其本性不是可信的吗？没有起初不好的，但很少能走到终点！人为万物之灵（《泰誓上》），出生之时无恶可言，但"人心惟危"加上"有欲无主"，以致其结局让人担忧。君与师是百姓中最有德行，也最有智慧与能力的少数人，他们自知责任重大，因而以身作则，带领百姓一起走上正途。能做到如此警惕与谨慎，国家自然长治久安。

一言丧邦

鲁定公随后又问孔子：有没有一句话就可以使国家衰亡的？孔子的答复是："予无乐乎为君，唯其言而莫予违也。"意即：我做君主没有什么快乐，除了我的话没有人违背之外。君主的话若是错的而没有人违背，那不是近于一言丧邦吗？

历史的证明正是如此。禹有治水大功，益提醒他"满招损，谦受益"。同时在谈到禹时，多次提到"禹拜昌言"一语。"昌言"为得当之言。这即是孟子所说的"禹闻善言则拜"（《孟子·公孙丑上》）。他是舍己从人，而不是要求别人顺从他的话。最早的天子称为"帝、元后、元首"等名，但都能广纳谏言，与大臣共勉谨慎。尧、舜、禹不愧是"圣王"代表。夏朝初期太康失政，为羿所逐，其弟五人作《五子之歌》，其中有"民惟邦本，本固邦宁"一语，值得注意。

夏朝存续四百多年，商汤起而革命，他所宣扬的是：夏桀作恶多端，所谓"有夏昏德，民坠涂炭"，以致百姓想要与他同归于尽。商汤秉持"天道福善祸淫"的信念，取代了夏朝。他再三自称"予一人"，以示负责。"其尔万邦有罪，在予一人；予一人有罪，无以尔万方。"意即：百姓若有错，责任在我；我若有错，不怪罪百姓。这样的"予一人"堪当天子之任。

商汤之孙太甲继位时，伊尹在《伊训》中告诫他要防范三风（巫风、淫风、乱风），其中"乱风"是指"侮圣言、逆忠直、远耆德、比顽童"，其效应即是要求别人都顺从他的想法。太甲犯此告诫，伊尹让他去汤的葬地思过三年，然后还政于他，并再度告诫他"天作孽，犹可违；自作孽，不可逭"（《太甲中》）。"予一人"必须自负其责，且先不谈他如何为百姓负责。

及至盘庚准备迁都于殷时，百姓多所抱怨。此时君主使用"予一人"则意在肯定自己具有天命，理当得到众人支持。他说："邦之不臧，惟予一人有佚罚。"（《盘庚上》）意即：国家不上轨道，固然我一人应该因失政受罚；但是你们这些大臣也同样要受惩罚。

等到商纣王失德而周人征服黎国时，祖伊以《西伯戡黎》上书于纣，警告他已到天怒人怨的危急关头。纣的回应是："呜呼！我生不有命在天？"意即：我是天子，受天所命，百姓能奈我何？祖伊感叹地说："您的罪行参列于上天，还能向天要求什么权利？"

周武王克商之时，宣称："天矜于民，民之所欲，天必从之。"（《泰誓上》）这表示他在奉行天命。他的立场接近汤，他说："百姓有过，在予一人。"等他革命成功之后，就设法回归商朝先王的善政，其内容见于《洪范》。他所做的"民之所欲"还包括："释箕子囚，封比干墓，式商容闾。散鹿台之财，发钜桥之粟，大赉于

四海而万姓悦服。"(《武成》)

周公辅政期间发表过不少文告。在《无逸》中，他说：古代君明臣良，但仍互相劝导、互相期许、互相教诲；君臣如此，百姓就不会互相欺诳幻惑了。在《君陈》中，成王提出两个重点：一是"黍稷非馨，明德惟馨"，意即在祭祀上帝时，明德（君主善待百姓所彰显的高明德行）是远远胜过黍稷而受悦纳的馨香；二是"尔其戒哉！尔惟风，下民惟草"。孔子劝诫季康子时所说"君子之德风，小人之德草，草上之风，必偃"（《论语·颜渊》）便源出于此。儒家强调上行下效的政治观，确有依据。

到了《尚书》终篇的《秦誓》，秦穆公后悔未听忠言，他说："责人斯无难，惟受责俾如流，是惟艰哉！"意即：责怪别人有错并不难，难的是自己有错受人责怪而能立即改过，像水向下流那样啊！这种听到逆耳忠言不以为忤，反而从之如流的风范，不正是孔子所推崇的君主的典型吗？

最后，孟子如何谈论孔子？他说，孔子以及伯夷、伊尹如果负责政治，他们的原则是"行一不义，杀一不辜，而得天下，皆不为也"（《孟子·公孙丑上》）。这种原则与《尚书》所描述的古代圣王的用心，可谓一脉相承。政治制度不论如何改变，中国人只有记住这种理想并努力追求实现，才无愧礼仪之邦的美名。

06

《诗经》使人温柔敦厚

《诗经》是古代文学作品，内容无不出于真情。了解人情世故，感通民众心意。说话委婉中肯，做事合乎分寸。温柔敦厚而不愚，抒发胸臆而有节。

　　《诗经》是一部什么样的书？学习《诗经》有什么用处？孔子本人在《诗经》的教学上如何温故知新？我们从《论语》提供的材料，试着综合孔子的观点如下。

抒发真挚的情感

　　《论语·为政》记载，子曰："诗三百，一言以蔽之，曰：思无邪。"意即：《诗经》三百篇，用一句话来概括，可以称之为：无不出于真情。由于许多学者把"思无邪"理解为思想纯正无邪，使这句话的意思产生争议，从而误会了《诗经》的主旨。

　　我们先简单介绍《诗经》这本书。《诗经》是古代的诗歌合集，主要包括民间歌谣、王朝政治诗与祭祀所用的歌舞曲，亦即"风、雅、颂"三部分。"风"有风俗、教化、讽刺之意，收集了十五个诸侯国的歌谣，称为《国风》，占了全部《诗经》三百零五篇的一半以上。"雅"为正，描述王政兴衰的缘由；政有小大，故分为《小雅》与《大雅》。"颂"为容，为样子，显示歌舞的盛况，有《周颂》《鲁颂》《商颂》三者。

　　这些诗歌的写成时间是周初到春秋末期（约六百多年），其中也收入几首商诗（如《商颂》）。周朝由盛而衰的过程反映在这些诗歌中。《周颂》描述宗庙祭祀的庄严典礼，彰显文王受天所命的责任，以及他卓越的德行与国家光明的远景。到了《小雅》与《大雅》，我们看到统治阶级渐趋腐化，社会上的仁爱与正义已经模糊难辨。至于《国风》则每况愈下，百姓面对战争、徭役、赋税的重重压力，深感人生之无奈与无望，同时也向往平安、自由、幸福的生活。亲情、爱情、友情、家国之思，与呼天求神的至诚信念一并涌现，交织成动人的诗句。

既然如此，这样的《诗经》——其来源多样而复杂，其作者为数众多又难以分辨——如何谈得上"思想纯正无邪"？思想必须有个主体，那么，是"谁"的思想要接受这样的检验？不是作者，也不该是编者，当然更不会是读者。事实上，"思无邪"与思想无关。

孔子所说的"思无邪"，是借用《鲁颂·駉》的一句话。原诗是歌咏鲁僖公牧马之盛。原诗共四章，各章的结尾是："思无疆，思马斯臧"（没有止境啊！马的这种美质）；"思无期，思马斯才"（没有边际啊！马的这种才具）；"思无斁，思马斯作（没有缺失啊！马的这种昂首）；"思无邪，思马斯徂"（没有偏斜啊！马的这种奔行）。这里八个"思"字都是语首词，没有实指的意义，这种用法在《诗经》中十分常见。因此，"思无邪"，邪与斜通，是描写马向前奔行时没有偏斜。以此概括全部《诗经》，则是指这本诗歌集"直抒胸臆之真挚的情感"。文学作品最怕无病呻吟、矫揉造作与堆砌辞藻，亦即最怕虚情假意。这个基本原则不容置疑。

孔子说："《关雎》乐而不淫，哀而不伤。"（《论语·八佾》）意即《关雎》这首诗的演奏，听起来快乐而不至于耽溺，悲哀而不至于伤痛。"乐"与"哀"是真挚情感，但抒发合乎节度，则形成诗教。《礼记·经解》说："温柔敦厚，诗教也。"《诗经》以其真情而感动人心，使闻者亦以真情待人，所造就的风气即是温柔敦厚。

学习《诗经》的用处

《论语·阳货》记载，子谓伯鱼曰："女为《周南》《召南》矣乎？人而不为《周南》《召南》，其犹正墙面而立也与？"亦即：孔子对其子伯鱼说，如果不认真学习《诗经》中《国风》的前两部分，就会像面朝墙壁站着的人。他的意思是，《诗经》这两部分谈的是人伦之理，亦即人与人如何相互尊重与关怀。人在社会上，除了真诚还须感通，互相了解对方心意，否则将如面墙而立，无路可走。

《论语·季氏》记载，孔子教导伯鱼："不学诗，无以言。"如果不学好《诗经》，说话将少了凭借，难以得体。这是因为当时的统治阶级都要熟读《诗经》，用以委婉表达心意与情感，显示人文教化的水平。

此外，对《诗经》还须学以致用。孔子说："诵《诗》三百，授之以政，不达；使于四方，不能专对；虽多，亦奚以为？"由此可知，孔子认为学习《诗经》将可了解人情世故，明察政教得失，然后顺利完成君主交代的任务，并且在担任使臣时，懂得应对进退之道，可以独当一面。

孔子更公开提醒弟子们："小子何莫学夫《诗》？《诗》，可以兴，可以观，可以群，可以怨。迩之事父，远之事君；多识于鸟兽草木之名。"（《论语·阳货》）这里提及学习《诗经》的三大作用：

1. 引发真诚心意，观察个人志节，感通民众情感，纾解委屈怨恨。这"兴、观、群、怨"四者皆合乎前述"思无邪"之旨，亦即环绕真挚情感而言，其效果也合乎"温柔敦厚"

之说。

2. 要从知道如何侍奉父母，推及如何侍奉国君，亦即出乎真诚而敬爱父母与尽忠国事。

3. 至于"鸟兽草木之名"，则指认识自然界而言。根据统计，《诗经》中，草有一百一十三种，木有七十五种，鸟有三十九种，兽有六十七种，虫有二十九种，鱼有二十种。读之可以增广见闻，丰富常识，又可亲近自然，何乐不为？

温故知新的教学法

孔子说："温故而知新，可以为师矣。"（《论语·为政》）他以《诗经》教诲弟子，期许他们温故知新，将来可以继志述事，成就儒家的教育传统。

子贡请教老师有关处身贫富的正确心态，孔子鼓励他由消极的"贫而无谄，富而无骄"，提升到积极的"贫而乐道，富而好礼"。此时子贡引述《诗经·卫风·淇澳》的"如切如磋，如琢如磨"来回应，表示精益求精之意。孔子立即肯定他的正确联想，表示以后可以同他谈论《诗经》了（《论语·学而》）。

子夏不明白《诗经·卫风·硕人》所云"巧笑倩兮，美目盼兮，素以为绚兮"一语。孔子回答他"绘事后素"，意即"绘画时，最后才上白色"。他的意思是：一位丽质天生的女子，穿上白衣就很靓丽；而古代绘画的方式是先上各种颜色，最后以白色分布其间，使众色凸显出来。先上众色是指天生丽质，犹如人性向善之美质，而白色指白衣，表示真诚朴实将使向善的美质充分彰显。子夏听后得到灵感，立即说："礼后乎？"意即：礼是不是后来才产生的？孔子此时颇为震撼，说：能够带给我启发的是子夏啊！现在可以与你讨论《诗经》了。子夏的"礼后乎？"原有不确定之意，但使孔子大受启发，领悟到：礼是白色的，真正美丽的是向善的人性。这一段师生对话值得我们赞赏。

因此，学习《诗经》可谓其用无穷。孔子本人还做过一次示范。依《史记·孔子世家》所载，孔子带领弟子周游列国时，遭遇并不顺利，于是他以《诗经·小雅·何草不黄》中的一句话来测试子路、子贡与颜渊三人对自己的看法。他引述的是"匪兕匪虎，率彼旷野"一语，意即：不是犀牛也不是老虎，却顺着旷野奔走。他接着说，我的理想有错吗？怎么会落到这个地步？这句引文清楚显示孔子自觉委屈，但希望弟子能够明白他的理想。

结果呢？子路质疑孔子，要他想想自己是否"未仁、未智"；子贡提醒孔子，要他降低标准来适应世俗需要；颜渊则说："夫子之道至大，故天下莫能容。"因此这是那些诸侯国君主的责任，而不是夫子的问题。当然，颜渊的答复最合孔子心意。贤人流落在外，国君错过人才。百姓受尽苦难，只能向天呼救。

《诗经》有赋、比、兴三种写法，其中赋是叙述史实的部分，但更多的是运用万物作为比喻与象征，委婉地表达人间各种情绪、感受、意愿、渴求。翻阅这样的一本书，可以体验自然界与人的亲密关系，既然万物有情，人又何必过度自怨自怜。书中丰富的意象与隽永的词句早已成为嗣后文学家无尽的灵感源泉，我们也难以想象中国的语言文字如果少了《诗经》会是什么样子。念到"蒹葭苍苍，白露为霜；所谓伊人，在水一方"，能不企盼高明君子吗？念到"昔我往矣，杨柳依依；今我来思，雨雪霏霏"，能不感觉惆怅满怀吗？念到"知我者，谓我心忧；不知我者，谓我何求"，能不坚持美好的初衷吗？

07

《诗经》中
有人类最恒久的情感

孝是最原始、最自然、最真挚、最恒久
的情感。感恩孝顺是我们珍惜生命、向
上奋斗的动力来源。孝顺需要明智与勇
气，以及满溢的爱心。

亲情，一切情感的源头

《诗经》展现人间真挚的情感，而一切情感的源头在于亲情。亲情包括夫妻、父子、兄弟三种关系，其中父母的慈爱与子女的孝顺，自然位居核心。因此，《诗经》用于教化百姓时，最为普遍有效的就是强调孝顺的部分。

譬如，《大雅·文王》在缅怀周文王取代商朝而获享天命时，鼓励臣民尽忠职守以维持天命，所说的是："无念尔祖，聿修厥德？"意即：可不念及你们的祖先，好好修养你们的品德吗？到了幽王，国家陷入危亡之际，则在认真呼吁："无忝尔所生，式救尔后。"意即：不要辱没您的祖先，努力救救您的子孙。这种以诉诸亲情来要求人们修德的观点，在古代应该有其一定的效果。

由于天子失德，百姓对天已经失去信心，所以出现"胡不相畏，不畏于天"（《小雅·雨无正》）"民今方殆，视天梦梦"（《小雅·正月》）"彼苍者天，歼我良人"（《秦风·黄鸟》）之类的诗句。人间失去仁爱与正义，能够维系社会的力量似乎只剩下亲情了。像"夙夜匪懈"一词经常出现，可见情况危急，以致早晚都不得松懈。《小雅·小宛》出现最具代表性的一句诗，就是"夙兴夜寐，无忝尔所生"。意即：从早上起床到夜晚睡觉，都不要辱没那生你的人啊！这句诗提醒人要常想到父母与祖先，告诫百姓不可因为自己的恶劣言行而让先人蒙羞。

父母之恩至为深重孝顺是天经地义。《诗经》最为动人的是

《小雅·蓼莪》，值得特别介绍。《蓼莪》描述百姓劳苦行役，不得终养父母，于是想起父母深恩，不禁悲从中来。全诗六章，首章为：

> 蓼蓼者莪？
> 匪莪伊蒿。
> 哀哀父母！
> 生我劬劳。

"莪"为蒿的一种，其茎抱根而生，俗称抱娘蒿。意为：那长得高大的是莪吗？不是莪，只是一般的蒿菜。借物起兴，连植物都有"抱根"而生的，我一想起父母，就为自己无法终养他们而惭愧。可怜啊！我的父母，为了生养我而辛苦劳动。第二章改变两字，重申此意。第三章批评王道崩坏，小民痛苦，父母皆逝，让人彷徨，其中后四句是：

> 无父何怙？
> 无母何恃？
> 出则衔恤，
> 入则靡至。

当天子与国君不再可信，政府只知压榨百姓，人除了呼求父母，还有什么指望？父母已逝，我失去最后的支柱，一出门就怀着忧愁，入了门又像还没有到家。没有了父母，家怎么算家呢？第四章是重点，前后八句一气呵成，无限哀痛：

父兮生我，

母兮鞠我，

抚我畜我，

长我育我，

顾我复我，

出入腹我。

欲报之德，

昊天罔极。

连下九个"我"字，体念至深。意思很清楚：父母生我养我，爱抚我照顾我，拉扯我培育我，思念我叮咛我，出入都怀抱我。想要报答这样的恩情，连昊天都无法穷尽。没有父母就没有我，就算天地再大也没有我容身之处。中国人重视孝道，肯定百善孝为先，就是源自《诗经》这一类诗句的启发。唐太宗生日时，想到自己在这一天要承欢膝下而永不可得，就口诵"哀哀父母，生我劬劳"之诗。人同此心，心同此理，只要顾念亲情，思念父母之恩，再由近及远推广出去，就不会偏离人生正途太远了。

亲情的压力与调节

人应该孝顺，但这并不表示父母的所作所为都是正确的。宋朝学者罗仲素说："天下无不是的父母。"这句话如果是指"父母无不爱护子女"，则有其一定的道理，但如果是指"父母的作为都对"，则未必尽然。父母是凡人，是众多百姓之一，自然也有智愚之分与贤不肖之别。那么，万一自己的父母出现偏差的作为，子女又该如何？

　　孟子分析两首相关的诗，提出精辟的观点。一首是《小雅·小弁》。内容应是周宣王时，名臣尹吉甫之子伯奇所作。原因是吉甫娶后妻，生子伯邦。后妻谮伯奇，使吉甫听信谗言，将伯奇逐出家门。伯奇受此冤屈而作《小弁》。诗中充满忧思，不知自己如何得罪了天，要受这样的苦？"天之生我，我辰安在？""何辜于天，我罪伊何？"他对父亲未能详察真情而枉屈了他，也有直接的抱怨，如："君子信谗，如或酬之。君子不惠，不舒究之。"意即：君子听信谗言，好像有人敬酒就接受；君子不照顾人，不肯从容考察真相。而全诗出现五次"心之忧矣"一语，更让人伤感。

　　那么，孟子对此诗有何看法？他认为，父母的过错太大的话，子女如果不抱怨，就等于决心疏远父母，就此断绝关系似的，而这即是不孝。若是表达适当的抱怨，说不定可以让父母觉察真相而有补救机会。孝顺应该包含委婉地使父母走上人生正途在内。《孝经·谏净章》说："父有争子，则身不陷于不义。"可见这是儒家的基本立场。

　　其次，第二首诗是《邶风·凯风》。内容是七个儿子感念母亲的辛劳，但又自觉无法安慰母亲的心。历代学者关于此诗的背景并无共识。有的说是寡母思嫁，使七子认为自己没有尽孝；有的说是七子表达孝顺继母的心思。不论所述为寡母或继母，由本诗可知者只是：母亲劳累以致心情不佳，使七子有感而发。如果依孟子之说，则此诗所指为"亲之过小者也"（《孟子·告子下》），意即这位母亲一定犯了明显的过错，但还不算严重。然后七子觉得是自己不够孝顺，才造成母亲犯错。这种心意十分可贵，在表达时必须温和婉转。正如《易经·蛊卦》九二说："干母之蛊，不可贞。"意即：要救治或解决母亲方面所累积的错误，不可采取强硬或坚持的态度。

　　本诗提及凯风、寒泉、黄鸟。凯风是夏日长养万物的风，比喻母亲养育七子，既劬劳又圣善。寒泉在夏季使人舒爽，但七子却未能消减母亲的劳苦；黄鸟在夏天鸣叫，声音婉转悦耳，但七子却未能安慰母亲的心情。诗中不但没有抱怨之词，反而多是七子自责之语。

孟子于是做出下述结论：父母过错大而子女不怨恨，那是更加疏远父母；父母过错小而子女怨恨，那是一点都不能受委屈。更加疏远父母，是不孝；不能受父母一点委屈，也是不孝。接着，孟子引述孔子的话说："舜是最孝顺的人，五十岁了还在思慕父母。"

熟读《诗经》，定能引发审美情操

儒家有关《诗经》的论述，显示其学说承先启后的特色：一方面把握"思无邪"的要旨，肯定真挚情感之可贵，认为"真诚"能引发向善的力量，由此建立适当的人际关系；另一方面则聚焦于亲情，亦即由子女对父母的孝顺为出发点，推广到各种人际关系。有关系则必生情感，喜怒哀乐若是发而中节，修养也就抵达理想层次，人生的快乐将如影随形。

《诗经》代表古代文学，总能引发审美情操。这种情操造就了温柔敦厚的性情与作风，正是导人于善行的好办法。不过，美与善的融合是可能的而不是必然的，关键在于正确诠释孔子与孟子的学说。

德行的修养需要一生的努力，而审美的意境却是随手可得的。只要熟读《诗经》，不难享受这样的意境。《易经·大象传》说："君子以朋友讲习。"若是转换到《诗经》，则会想到"青青子衿，悠悠我心。纵我不往，子宁不嗣音？"何不互通音讯，彼此鼓励？等到"风雨如晦，鸡鸣不已。既见君子，云胡不喜！"岂不快慰？

08

礼仪之本在于真诚的心意

礼仪建构了宗教中的神人关系，政治中的君民守则，伦理中的行为规范。长幼尊卑各有位序，人文之美依此展现。礼之本，在于真诚的心意。

"礼"的范围涵盖人类生活的全部。如果用一个字代表中国古代文化，那么答案非"礼"莫属。《尚书·舜典》谈到帝舜任用贤臣时，命伯夷负责"三礼"，就是要主管"天、地、人"三方面的礼仪事务。这种礼仪在舜之前应已存在，亦即舜受帝尧之命摄位时，首先举行祭祀大典，其对象包括"上帝、六宗、山川、群神"。"六宗"为四时、寒暑、日、月、星、水旱。由此可见，礼的宗教起源十分清楚。

许慎《说文解字》有："礼者，履也，所以事神致福也。""礼"字"从示从丰"，由"示"可知其关联于宗教；从"丰"则像"二玉在器"之形，为祭祀供桌上的二玉。而"事神致福"自然属于宗教行为。在此，"神"字包括"天神、地示（祇）、人鬼"。古人生活与宗教的关系如何？从帝王之称为"天子"一词，即可知其神权政治的背景。因此，"礼"的用法由宗教源头推及政治领域，再推及伦理世界，成为维系国家的骨干。

孔子为何崇拜周公，承认自己有一段时日没有梦见周公就是衰老的征兆（《论语·述而》）？因为周公"制礼作乐"，能参酌夏代与商代的礼乐，因革损益，使其灿然完备，蔚为大观。孔子生当春秋末期，礼坏乐崩，整个时代陷于价值观瓦解的困境。如果礼乐沦于形式，只是陈设玉帛与演奏钟鼓，人类社会充斥虚伪与利害，那不是天大的危机吗？孔子的志业是"承礼启仁"，要教导人们以真诚的情感来恢复礼乐的生机。

那么，周公制作的礼乐有何具体的内容？后来的演变发展如何？以下专就"礼"加以说明，目前《十三经注疏》中的《周礼》《仪礼》《礼记》可供参考。

《周礼》：君臣守则与伦理规范

《左传·文公十八年》记载，史克曰："先君周公制周礼。""周礼"之名在春秋时代仍然通行。据说周公摄政的第六年，完成了周礼的制作；到第七年还政于成王时，开始实施周礼。周礼是周公的致太平之道，其中详列政教的纲领。每立一官，必有一官所守的细节。这是比周初箕子所述的"洪范"更为详尽的政治结构。

天子之下，依"天、地、春、夏、秋、冬"分为六官。官名依序是：天官冢宰、地官大司徒、春官大宗伯、夏官大司马、秋官大司寇、冬官大司空。以下补充说明其职掌。

1. 天官冢宰：冢为大，宰为官；掌治典，负责总管百官，治理国家。

2. 地官大司徒：掌教典，负责国家的土地疆域与人民教育。其属下有师氏、保氏等。天官与地官二者，显然取象天地，对于百姓有如"作之君、作之师"。由此可知古人如何重视教育。

3. 春官大宗伯：掌礼典，负责国家有关"天神、人鬼、地示"之礼。所谓"大宗伯"之名，宗为尊，伯为长。春天万物生长，宗伯主管事神，使天下人报本反始。其属下有卜筮官、乐官等。这相当于今日所谓之宗教与文化事务。

4. 夏官大司马：掌政典，负责军政，保家卫国。

5. 秋官大司寇：掌刑典，负责治安，对付盗贼。

6. 冬官大司空：掌事典，负责建设，使民安居。

　　《周礼》又称《周官》，其中规划的官员职责与等级可谓层次井然而纲举目张，全面兼顾而轻重有别。如果探究"礼"的来源，则可推之于"天"，亦即"礼以顺天，天之道也"（《左传·文公十五年》）。"顺天应人"始终是帝王的主要关怀，周礼自然也由其宗教源头转向政治领域。《左传》有不少资料显示了此一转向，如："（礼）……先王所禀于天地，以为其民也，是以先王上之"（《昭公二十六年》）"夫礼，天之经也，地之义也，民之行也；天地之经，而民实则之"（《昭公二十五年》）"礼，上下之纪，天地之经纬也，民之所以生也，是以先王尚之"（《昭公二十五年》）。

　　更直接展示其政治性的，是以礼为"国之干""王之大经"，君主借以"守其国，行其政令，无失其民"，"经国家，定社稷，序民人，利后嗣者也"。这样的礼再进一步就衍生为伦理规范，如"君令臣共，父慈子孝，兄爱弟敬，夫和妻柔，姑慈妇听，礼也。"（《左传·昭公二十六年》）

《仪礼》的具体设计

　　若要充分说明周礼兼具"宗教、政治、伦理"三个方面的功能，则须参考《仪礼》的资料。

　　《周礼》与《仪礼》，分别代表"礼"的体与履。所谓礼之"体"，是指立国经常之大法；而礼之"履"，是指各官治事的细目，揖让周旋的节文。依《仪礼》目前所存的十七篇看来，其内容包括"冠、昏、丧、祭、射、乡、朝、聘"。冠礼表示男子成年（二十岁），昏礼见证男女结婚，丧礼强调纪念亲长，祭礼用以敬奉鬼神，燕射礼彰显宾主之义，乡饮礼凝聚乡人情感，朝聘礼辨别上下，聘食礼敦睦邦交。

《仪礼》号称难读，因为仪式细节极其繁复。专家认为要经由三个步骤：一是分节，分辨仪式的段落并加以衔接；二是释例，参考前人在相同情况下的示范例证；三是绘图，具体画出东南西北的方位与左右前后的顺序。

春秋时代仪礼的操作已经渐渐失去了规范作用。《论语·乡党》记载孔子在朝为官与平日在乡的生活细节，依然遵守各种仪式的规定。如，乡里人举行驱鬼仪式时，他穿上朝服站在自家东边的台阶上。又如，他与乡人饮酒时，"杖者出，斯出矣"，要等六十岁以上扶杖而行的前辈先离开，他才离开。《论语·阳货》提及孺悲欲见孔子而孔子不见，可能的原因是无人居间介绍，不合乎"士相见礼"。孟子谈到孔子"出疆必载质"（《孟子·滕文公下》），意即离开某国时，一定带着谒见下一国君主的见面礼。

《周礼》与《仪礼》配合，目的正是"观乎人文，以化成天下"（《易经·贲卦·象传》），使人的自然生命由调节转化，成为文质彬彬的君子；而人类所形成的社会也趋于文明的理想。这种理想在"礼坏乐崩"的春秋末期，已经难以言传了。《左传》中，凡是遇到各国君臣改变古代规矩不用周礼的，都会谨慎记下是谁开始这么做的。《礼记·郊特牲》也记载了类似的资料。所谓"春秋，天子之事也"，以及孔子"志在春秋"，皆出于对此一趋势的忧虑。

《礼记》的基本关怀

《周礼》与《仪礼》的内容在今天看来，只能让人缅怀古代或神游故国，但其讲究人际相处的"适当规范"，则仍然有其价值。

我们比较容易接受的是另一本书《礼记》。据说《礼记》是孔子的弟子与再传弟子所作，目前通行的是汉朝戴圣（小戴）所传的四十九篇。其中谈到的题材有：通论、制度、明堂、阴阳记、丧服、世子法、祭祀、吉礼、吉事、乐记。《周礼》与《仪礼》的重要观念与内在精神，实已体现于这些篇章中。

《礼记·曲礼》描写了"礼"的全方位作用：

> 道德仁义，非礼不成。教训正俗，非礼不备。分争辨讼，非礼不决。君臣上下，父子兄弟，非礼不定。宦学师事，非礼不亲。班朝治军，涖官行法，非礼威严不行。祷祠祭祀，供给鬼神，非礼不诚不庄。是以君子恭敬撙节退让以明礼。

由此可见，"礼"涵盖了个人修养、社会生活、政治运作、宗教信仰等方面。如果没有礼，人生何去何从？

《礼记·经解》谈到礼教所造成的风气是"恭俭庄敬"，这是不难明白的，但是礼教也有缺点，就是"烦"，由于烦琐而让人烦恼。尤其值得担心的是：礼可能沦于形式主义，亦即大家行礼如仪，但缺少真诚的心意。

孔子认为，治理国家的上策是：以德行来领导百姓，并以礼仪来规范百姓；如此将使百姓有羞耻心，并且懂得分辨善恶，由此走上人生正途。同时，孔子也考虑到形式主义的问题，所以他强调："人而不仁，如礼何？人而不仁，如乐何？"一个人没有真诚的心意，能用礼做什么？又能用乐做什么？真正的教化要产生作用，必须由君主开始，上行下效，使人人皆由真诚产生主动行善的力量。

09

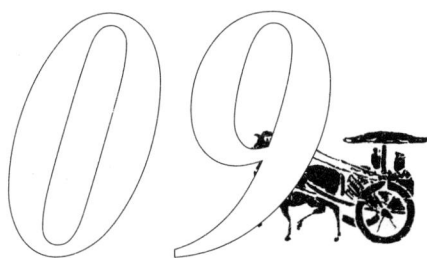

大同与小康：
政治家该有的社会关怀与理想

大同：天下为人人所共有，各尽所能，无私互利。小康：依礼治国，讲求仁爱与正义，安居乐业。两种无为而治：儒家的德行感召，道家的智慧启迪。

　　儒家所谓的善，是指一人与别人之间适当关系之实现。因此，如果主张人性向善，任何一人在成全人性向善的要求时，就必然会尽自己的力量来帮助天下人。此所以孔子以"老者安之，朋友信之，少者怀之"为志向，而孟子在推广仁政理念时，也有"舍我其谁"的抱负。

　　这样的儒家所向往的政治目标是什么？当然是"大同"了。大同在中国历史上不曾实现过，但是以它为目标，还有次一等的"小康"境界可以追求。这些观念展现在《礼记·礼运》中，值得我们认真看待。

"大同"的社会：各尽所能，无私互利

　　在《礼记·礼运》一开始，谈到孔子受邀参加蜡祭，祭事完毕，他走在大门楼上，深叹了一口气。子游随侍在侧，请教夫子何叹。孔子说他未能看到大道实行的时期与三代英明君主当政的时代，只看到一些相关记载。

　　蜡祭为何让孔子深有所感？在《礼记·郊特牲》中有描述蜡祭的内容。蜡祭始于神农氏，蜡为寻索之意。每年农历十月（冬季之始），要聚合万物的神灵，让他们得到充分的供奉。这些神灵包括：

1. 先啬（首创稼穑生活者，神农氏）；
2. 司啬（主管农业者，后稷）；

3. 百种（谷神）；

4. 农（农官）；

5. 邮表畷（田间庐舍与阡陌之神）；

6. 禽兽（供人食物）；

7. 猫虎（分别除去伤害禾稼的田鼠与田豕）；

8. 坊与水庸（堤坊与沟洫）。

蜡祭所表达的是：古代君子对于使用过的东西，都要报答其恩情，也就是"仁之至，义之尽也"。对物尚且如此，何况对百姓呢！孔子的感叹是很自然的。接着，孔子叙述他所知的"大同"于后：

> 大道之行也，天下为公。选贤与能，讲信修睦，故人不独亲其亲，不独子其子，使老有所终，壮有所用，幼有所长，矜寡孤独废疾者，皆有所养。男有分，女有归。货恶其弃于地也，不必藏于己；力恶其不出于身也，不必为己。是故谋闭而不兴，盗窃乱贼而不作，故外户而不闭，是谓大同。

大道是真正的理想，要实现于世间，以天下为人人所共有。选拔贤能之士为民服务，大家讲求信用，和谐相处，不只爱护及照顾自己家人，还可以使老年人安享天年，壮年人贡献心力，幼年人接受教育，并且使弱势者，如鳏夫、寡妇、孤儿、独老、残废者，都得到供养。这段话与孔子的志向完全相应。

接着，男的各有职务，女的各有家庭。有货物，要讨厌它丢弃于地，而不必藏在自己家里；有力气，要讨厌它没有使用，而不必全为自己考虑。如此，阴谋诡计根本用不上，偷窃抢劫也不会出现，然后连家中门户都不必关上。这样就可以称为大同的世界了。

孔子叙述大同时，心中所想的应该是：如果给他机会得君行道，他就可以经由政治与教育来感化百姓，共同走向这个目标。子贡追忆孔子时说："夫子之得邦家者，所谓立之斯立，行之斯行，绥之斯来，动之斯和。"（《论语·子张》）意即孔子如果在诸侯之国或大夫之家执政，对百姓可以使他们立足、使他们前进、使他们来归，并使他们同心协力。历史上合乎大同目标的，大概只有尧与舜的时代。

"小康"的社会：依礼治国，安居乐业

孔子接着谈到"小康"，他说：

> 今大道既隐，天下为家，各亲其亲，各子其子，货力为己。大人世及以为礼，城郭沟池以为固，礼义以为纪。以正君臣，以笃父子，以睦兄弟，以和夫妇，以设制度，以立田里，以贤勇知，以功为己。故谋用是作，而兵由此起。

这一段描述与前述"大同"已经背道而驰。从禹开始，称为夏朝，帝位传于子孙，天下为一家人所有，世袭之制已成。其中提及的礼与礼义，所强调的不再是"合作"，而是"区分"，最后沦于争战。

那么，所谓的"小康"是指什么？孔子继续说：

　　禹、汤、文、武、成王、周公，由此其选也。此六君子
者，未有不谨于礼者也。以著其义，以考其信，著有过，刑仁
讲让，示民有常。如有不由此者，在势者去，众以为殃，是谓
小康。

　　其意为：这六位国君是最优秀的，他们恪遵礼制。据以发扬其
道义，考验其信实，指出有过错之人。效法仁德，讲求礼让，以正
轨行为昭示百姓。如果有人不走正路，虽有权势，也要斥逐，使人
们知道有过必罚。这样就可以称为小康的世界了。

　　由此可知，从夏朝开始，中国只有在这六位君主负责执政的短
暂时期中，达到小康的目标。其特征是：依礼治国，并推崇仁爱与
正义。大同之治成为远古遥不可及的乌托邦。

　　至此，有关中国古代的政治演变，可以大致推论如下：任何时
代都有四种治理方式并存，就是德治、礼治、法治、刑治。尧舜侧
重德治，修养自身品德，达到如孔子所说的"恭己正南面"（《论
语·卫灵公》），亦即"无为而治"。这应该算是接近大同的目标
了。自禹以下的六君侧重德治与礼治，达到小康的目标。其他的古
代君主在德行上未臻完善，所侧重的是礼治与法治。到了春秋时
代，周天子失势，礼坏乐崩，各诸侯国的君主所能采取的只剩法治
（靠政令规定）与刑治了。孔子所谓的"导之以政，齐之以刑，民
免而无耻"，即是写实的说明。到了战国时代更是每况愈下，几乎
只见到刑治，亦即法家所推崇的严刑峻法。君主刻薄寡恩，既无仁
爱也无正义，政治成为迫害百姓的工具。所谓"苛政猛于虎""率
兽食人"等现象层出不穷，随处可见。在这样的时代，哲学家有
何对策？

两种“无为而治”：儒家的德行感召和道家的智慧启迪

先秦最重要的两派哲学——儒家与道家，不约而同都提出“无为而治”的想法。儒家主张人性向善，因此无为而治的方法是“为政以德”（《论语·为政》）。君主修养完美的德行，以身作则，百姓就会风动草偃（《论语·颜渊》）。《尚书·君陈》早就如此告诫君主：“尔其戒哉，尔惟风，下民惟草。”这种“无为”是指不要采取修德以外的其他方法，只要做到“恭己正南面”就可以了。如果人性不是向善的，君主修德会有多大的成效呢？儒家的贡献，就在为德治提供人性上的基础。但是，随着民智渐开，不同的价值观纷然涌现，谁能够看得清楚与说得明白呢？孟子显然有些着急，批判异端并大声疾呼：“能言距杨墨者，圣人之徒也！”（《孟子·滕文公下》）

因此，儒家学说的挑战是：第一，在理论上必须胜过各种所谓的异端学说，让人们觉知自己的人性是向善的，而人生只有走在善途上才可能得到真正的快乐；第二，在实践上不可能立竿见影，那么有何具体办法要求君主修德？若君主不合条件就以革命手段取代他，这种做法的正当性是什么？谁又可以代表天命来做裁决？以上两项挑战历经两千多年而依然存在。

至于道家主张无为而治的理由则完全不同。老子笔下的圣人是“悟道的统治者”，他的统治是由道的角度与眼光来看待一切。道是万物的来源与归宿；道在万物之中，万物也在道之中。这等于在说：天下本无事，何必庸人自扰？《老子·第八十章》所描写的“小国寡民”是让百姓“甘其食，美其服，安其居，乐其俗”。听来正是桃花源！

《庄子·马蹄》描写远古时代的情况：“民居不知所为，行不知所之，含哺而熙，鼓腹而游，民能以此矣。"意即：人们安居而不知该做什么，走路而不知去哪里，口中含着食物在嬉戏，肚子吃得饱饱在游玩，人们所做的仅止于此。

由此可见，道家的无为而治几乎是要梦游到人类存在的初期状况，才有实现的机会。我们今天能够学到的心得主要是：把"无为"理解为"无心而为"。外表随顺时代，言行配合社会。对于世间的成败得失，心中没有特别的好恶与明显的情绪反应。能做到如此，已经成为主导自己生命的圣人了。

总之，儒家主张人性向善，所以重视德行修养；道家肯定道在万物，所以强调智慧觉悟。两家各有所见。我们平头百姓，可以暂时撇开大同与小康的考虑，先行安顿自己的生命。而政治家呢，则该在个人修身上吸收儒家的修养，即所谓"君子修德"，进而成为"悟道的统治者"。下放手中权力，做到"无心而为"。如果能做到这样的话，即离"小康社会"为期不远了。

10

乐教：

感通人心，人文化成

音乐：和顺积中而英华发外，人文化成
的极致表现。教化成效，广博易良，感
通人心；移风易俗，日进于德。出于真
诚情感，配合卓越技巧，抵达尽善尽美
之境。

探讨周公"制礼作乐"的题材时，"礼"的部分有具体规划，可以应用在宗教、政治与伦理的领域中；但是在操作的细节方面，如《仪礼》之所述，需要绘图的辅助，否则无以恢复旧观。相对于此，"乐"的部分显然遭遇更大的难题，我们所能读到的只有极少数的文献资料，但无缘接触乐师、乐器与实际的演奏。光凭文字叙述，怎能让人领悟音乐艺术的效果？那么，古人并称也并重"礼乐"，究竟有何意义？在大致说明了"礼"之后，接着要试着说明"乐"了。

首先，《乐》为六经之一。《庄子·天下》介绍儒家时，提及《诗》《书》《礼》《乐》《易》《春秋》；《史记·孔子世家》提及"孔子以《诗》《书》《礼》《乐》教"；《礼记·经解》谈到六经之教，说"广博易良，乐教也"。然而，六经之中《乐经》早已失传。我们所能参考的资料有《荀子·乐论》《史记·乐书》与《礼记·乐记》等。也有学者认为《周官·大宗伯》之《大司乐章》即是古代的《乐经》，其中记录了主管音乐者的具体职务，可以助我们了解官方音乐的操作模式。

音乐在古代的应用

最初，帝舜制作五弦琴"以歌南风"。南风使万物生长，借此提醒人要感恩父母，同时要育养万民，据说歌词中有"南风之薰兮，可以解吾民之愠兮"一语。《尚书·舜典》记载，舜命夔负责音乐教育，教导贵族子弟"直而温、宽而栗，刚而无虐，简而

无傲"，亦即调节性情与作风，不使趋于极端，这是肯定音乐有助
于个人修养。其次，"诗言志，歌咏言，声依咏，律和声。八音克
谐，无相夺伦，神人以和"，这是肯定音乐可以用于祭祀，使神人
和谐。最后，"夔曰，于予击石拊石，百兽率舞"，音乐甚至感动
了百兽，使之共同起舞。音乐的涵盖性由此可见。

周公制礼作乐，《周官·大宗伯》设有乐官，每逢三大祭（祭
天神于圜丘，祭地示于方丘，祭人鬼于宗庙），都有全套的配乐，
包括金奏（先击钟再击鼓，请神降临）、升歌（歌者上堂）、下管
（堂下吹管）、间歌（堂上堂下间代而作）、合乐（歌乐与众声俱
作，进献熟食）。礼仪配合音乐，既庄严肃穆，又能感动人心。

音乐的应用范围很广，连君主用餐都安排了一定的演奏规格。
虽细节不详，但《论语·微子》有一章提及各级各类乐师流散各
地的情况：太师挚前往齐国，二饭乐师干前往楚国，三饭乐师缭前
往蔡国，四饭乐师缺前往秦国，打鼓的方叔移居黄河边，摇小鼓的
武移居汉水边，少师阳与击磬的襄移居海边。

周室衰微，王官失守，音乐人才流落各国，乐教名存实亡。礼
坏乐崩之说并非虚语。那么，古人关于音乐的理论有何特色？

"礼乐"合论：协调"天理"与"人欲"

乐是由声音所构成的，声音表现了由于外物刺激而产生的心理
反应，如"哀心、乐心、喜心、怒心、敬心、爱心"六种。先王
治理百姓，用礼来引导人心，用乐来调和人声，再用政令整齐人的
行为，用刑罚防止人的过错。"礼乐政刑"的目的是一样的，而礼
乐更有其特殊的价值。

"礼乐"二者合论，礼侧重长幼尊卑的区分，乐侧重众人情感

的融合。推广于政治，"乐至则无怨，礼至则不争，揖让而治天下者，礼乐之谓也"。除了人间的正面效应，还可推及天地，如"圣人作乐以应天，作礼以配地。礼乐明备，天地官矣"。然后，连鬼神也来呼应，如"乐者敦和，率神而从天；礼者别宜，居鬼而从地"。这些说法的依据，与礼乐最初用于宗教祭祀的领域有关。

简单说来，礼乐的作用是"顺天地之诚，达神明之德，降兴上下之神，而凝是精粗之体，领父子君臣之节"。单就乐来说："乐者，圣人之所乐也，而可以善民心，其感人深，其风移俗易，故先王著其教焉。"如此看来，如果乐教不彰，后果岂堪设想。（以上参考《史记·乐书》）

《礼记·乐记》有一段谈到"天理、人欲"。由于这二词到了宋朝学者手上，成为讨论人性的关键词，所以值得厘清其本来意思。原文是："人生而静，天之性也。感于物而动，性之欲也。物至知知，然后好恶形焉。好恶无节于内，知诱于外，不能反躬，天理灭矣。"意即：人本来是静的（未受外物影响之前，有如混沌未开的婴儿状态），但受外物所感就产生各种欲望。外物来到而知性接触它，就出现爱好与厌恶的念头。内心对好恶没有节制，所接触的外物又一直在引诱，此时不能反躬自省，天生的理性就要消灭了。

原文接着说："夫物之感人无穷，而人之好恶无节，则是物至而人化物也。人化物也者，灭天理而穷人欲者也。于是有悖逆诈伪之心，有淫佚作乱之事。……此大乱之道也。"在此，所谓"人化物"是说人随外物而迁化，意即失去理性的判断。

那么，天理与人欲是互相排斥的，还是可以相容？古代制作礼乐的目的，正是要协调两者，使之相容，并往上提升。荀子谈"乐"时，一再强调"乐（音乐）者，乐（快乐）也，人情之所必不免也，故人不能无乐"。好的音乐"足以感动人之善心"。

《礼记·乐记》有一段精彩的描述："诗言其志也，歌咏其声也，舞动其容也。三者本于心，然后乐气（器）从之。是故情深而文明，气盛而化神，和顺积中而英华发外，唯乐不可以为伪。"

诗、歌、舞都出自内心真情，再配合金石丝竹等乐器表现出来，展示为情感深邃而条理分明，元气洋溢而撼动心灵。由和谐顺遂的内在感受，孕生出亮丽光彩的美妙旋律，只有在音乐的演奏中是容不下任何虚伪的。

"唯乐不可以为伪"一语，与"著诚去伪，礼之经也"合而观之，可知孔子为何会呼吁："人而不仁，如礼何？人而不仁，如乐何？"（《论语·八佾》）意即：一个人没有真诚的心意，能用礼做什么？能用乐做什么？

成于乐：尽美矣，又尽善也

再谈孔子对乐教的看法。《论语》中，"礼乐"并称约有十处，但另外专言"礼"的地方远多于专言"乐"的。主要原因是：乐的演奏需要众多乐师与乐器，而这样的组合在当时已经难得一见。孔子在齐国有机会聆听《韶乐》，结果使他"三月不知肉味，曰：不图为乐之至于斯也"（《论语·述而》）。他后来极度赞美《韶乐》，称其"尽美矣，又尽善也"，对于《武乐》则说"尽美矣，未尽善也"（《论语·八佾》）。《韶》为歌颂舜之乐，《武》为歌颂周武王之乐。《礼记·乐记》中，孔子与宾牟贾谈论《武》，认为武王革命，不愿杀伐，但仍投入战争，故未尽善。

不过，在颜渊请教如何治国时，孔子仍然推荐说，"乐则韶舞（武）"（《论语·卫灵公》）。同时，孔子提醒他要排除"郑声"，因为郑国的靡靡之音会扰乱"雅乐"(《论语·阳货》)。孔子重视音乐教育,他从卫国返回鲁国之后,做了"乐正"(改正用乐的错误),并使"雅颂各得其所"(《论语·子罕》)。他聆听乐官师挚的演奏,感觉"洋洋乎盈耳哉"(《论语·泰伯》),他也陈述自己的心得:"乐其可知也。始作,翕如也;从之,纯如也,皦如也,绎如也,以成。"(《论语·八佾》)意即:演奏音乐,开始时众音陆续出现,显得活泼而热烈;发展下去,众音和谐而单纯,节奏清晰而明亮,旋律连环而往复,然后一曲告终。只听这样的一句描述,实在不易明白其理。

孔子评价音乐,最重要的一句话就是:"兴于诗,立于礼,成于乐。"(《论语·泰伯》)这主要是针对个人修养而言,意即:启发上进的意志,要靠读诗;具备处世的条件,要靠学礼;达成教化的目标,要靠习乐。在《论语》中,我们看到孔子"击磬于卫","取瑟而歌","与人歌而善",他的弟子也有"鼓瑟""弦歌""咏而归"的。

孔子去世之前七日,子贡请见。孔子感叹而歌曰:"太山坏乎!梁柱摧乎!哲人萎乎!"古代乐教也在这样的歌声中离我们远去。

11

《山海经》：
中华文明的"在起初"

宇宙之间，万物有如生命共同体，相互
转化，彼此感应。山海之所经，神明之
所成，人类寄托其间，可以和谐均调。
夸父逐日、精卫填海，人力有限而心愿
无穷，尊严由此确立。

　　"神话"一词由西文翻译而来，它所指的是：一个民族在理性
尚未发展的远古时期，经由口耳相传的有关神的故事。这些故事没
有固定的作者，也没有标准的版本。人有理性，想要解释一切现
象；但理性尚未发达时，只能发挥想象力，设法描绘自然世界与人
类世界中所有产生重大影响的事件，由此形成各种故事。这些故事
称为"神话"，是因为其中的主要角色即使是历史上的人物，也都
具有神的样貌与能力。

　　神话思维的特色是：

1. 万物都有生命；
2. 所有的生命可以互相转化；
3. 主导神话故事进展的不是理性，而是情感，是人的一厢情
   愿投射在他想要了解的现象上；
4. 神话显示为一出出戏剧，展演不同的主题，如创世、造人、
   灾难、救世、文化超人、民族英雄等。

　　神话的目的在于提供原型，使人在时间的流变与空间的局限
中，可以不断回归原始的、完美的理想。神话不是历史，历史受制
于时间而一去不复返；神话的开头常是"在起初"，其故事正是为
了超越历史而展现永恒的原型。神话的场所也不是我们所见的凡俗
世界，而是某种神圣空间，使人可以接上神明的领域。于是像山、
海这些宏伟的自然景观，就显示了超自然的色彩。

《山海经》这部书

根据西汉刘秀（即刘歆）《上山海经表》所说，《山海经》出现在尧舜时代。当时洪水泛滥，百姓无法生活。经过禹治平洪水，益驱逐禽兽，并考察山川水土，"内别五方之山，外分八方之海"，记下变怪之物与奇风异俗，写成《山海经》。

刘秀为何上此表？因为当时汉宣帝在位，有人于郡内无意中发现一座石室，其中有一尸，双手反缚，用头发系住，双足赤裸，右足有脚枷。刘秀之父刘向为谏议大夫，上前报告宣帝，说"这是贰负之臣"。问他何以知之，他回答：出自《山海经》。"朝士由是多奇《山海经》者，文学大儒皆读学，以为奇，可以考祯祥变怪之物，见远国异人之谣俗。"

那么，《山海经》所描绘的都是事实吗？《山经》中的神多为"人面马身""人身龙首"之类，岂能当真？《海经》中有许多奇怪的国家，如大人国、不死国、黑齿国、无肠国等，又如何可信？司马迁在《史记·大宛列传》最后说："故言九州山川，《尚书》近之矣，至《禹本纪》《山海经》所有怪物，余不敢言之也。"古时交通不便，难以得知远方的情况，司马迁的说法是"不知为不知"，十分可取。由今日看来，天下之大固然无奇不有，但《山海经》的记述"绝大多数"并非事实。不过，如果从"神话"的角度来看，则《山海经》又具有重要价值，反映了中国先民的宇宙观与人生观。

根据专家的说法，《山海经》不可能是禹与益所作，也不是一人一时之作；而是成书于战国中期到汉初，作者应是战国时的楚国人与汉初的楚地人。成书年代虽晚，但其来源依然是远古的神话。

有关《山海经》的研究，有两个主要方向：一是把它当作地理资料，描述古人所见的山与海，以及各地的奇风异俗；二是把它看成小说想象的产品，其中混杂了历史人物与故事。这两者各有所见，并且不妨碍我们从神话角度来看这部书。

神话呼应人的需求

在原始时代，人要面对三个方面的挑战：

1. 源于自然界的压力，风雨雷电与洪水猛兽随时在威胁人的生存；
2. 缘自部族之间的战争，战败则族群将被消灭；
3. 个人生命无法避免的疾病与死亡。

以下略做叙述：

首先，自然界的力量太大，使人心生敬畏，视之为神。《山海经》除了像各国神话一样，相信山、海、风、雷、日、月这些自然物皆由神力在主导，另有两点特色：一是把天灾人祸的原因推给某种自然现象；二是想象各种不同组合的神的形貌。

譬如，遇到水灾、旱灾、风灾、蝗灾、火灾、兵灾、乱灾时，都要强调是因为先出现了某种特别的动物。有一种鸟，"名曰蛮蛮，见（出现）则天下大水"；有一种鱼，"其音如豚，见则天下大旱"。这一类记述不胜枚举。相对于此，吉祥的事也有原因，如凤凰"见则天下安宁"，文鳐鱼"见则天下大穰（丰收）"等。由此可知，人最担心的不是具体的吉凶事件，而是"无法理解其原因"，所以要推源于自然界的特定现象。

由此，就出现了无数奇形怪状的神。说是奇形怪状，但特色很清楚，就是"人与动物的组合"。最常见的是"人首"（人面）加上"兽身"（如龙、虎、马、牛、羊、豕、蛇、鸟等）。另外也有少数"龙首"加上人身、鸟身、马身的，也偶有"鸟首"龙身的。"人首"最常见，显示人希望这些神能够摆脱其动物躯体，并像人一样可以说话与沟通。只要神可以沟通，人就可以免于完全的无知、无奈与恐惧。

谈到部族之间的战争，则黄帝与蚩尤之战占了相当的篇幅。首先，蚩尤兄弟有八十一人或七十二人，可见它是一个部族；其次，蚩尤的形相异于常人，其状如兽；然后，蚩尤有超能力，能够搬动风雨；最后也最重要的是，蚩尤代表恶，而黄帝代表善。黄帝时期，指南车、纺织、文字等陆续发明，他成为文化超人的原型，而中国历史也找到明确的起点。

接着，遇到个人生命的困境时，自然界提供了各种药方。列于《山海经》之首的《南山经》，一开头就说：有一种名叫祝余的草，"食之不饥"；有一种名为迷谷的树花，"配之不迷"；有一种名叫狌狌的动物，"食之善走"。这一类的植物与动物很多，可以分别使人"停止"腹痛、呕吐、耳聋、风寒、生疮、长瘤、发狂、心痛等；还可以分别让人"不会"忧虑、迷惑、害怕、嫉妒、痴呆、贪睡、做噩梦、怕打雷等。这些未必都是幻想，中医与中药应该可以由此找到不少有用的资料。重要的是：古人相信人的生命属于自然界，所以身心的任何问题都可以在自然界找到解决的秘方。

"夸父逐日"和"精卫填海"：人力有限而心愿无穷

《山海经》中并无盘古开天辟地与女娲造人补天之类的神话，其中除了混杂黄帝、帝俊（帝舜）、禹这些历史人物的故事之外，让人印象较深的是"夸父逐日"与"精卫填海"。

关于"夸父逐日",原文是：

> 夸父与日逐走,入日。渴欲得饮,饮于河渭；河渭不足,
> 北饮大泽。未至,道渴而死。弃其杖,化为邓林。

另一段则说："夸父不量力,欲追日景（影）……

这一则神话的启示是：人要与自然界争胜,虽然不自量力,注定失败而死,也要努力一试。人的对手如果是神,那么即使失败,人也把自己提升到接近神的高度了。

关于"精卫填海",原文是：

> 炎帝之少女,名女娃,女娃游于东海,溺而不返,故为精
> 卫,常衔西山之木石,以堙于东海。

女娃溺死,化为精卫鸟,这种鸟代代相传的任务就是要填平东海。这则神话类似"愚公移山",要集合人类微小的力量,经由长期的、累积的努力,设法克服自然界庞大的阻碍。

《山海经》所录者,应为我国最早的神话。孔子说："凤鸟不至,河不出图,吾已矣乎。"（《论语·子罕》）所谓"凤鸟",正是《山海经》中一再出现的天下太平的吉祥象征。《庄子》书中材料所参考的神话更多,从混沌到西王母,到河神、海神、山神、鲲、鹏与委蛇等,都可以在《山海经》中找到清楚的线索。另外,本书有关长寿、不死、仙人、人间乐园的描述,对民间宗教有深刻的影响,同时也启迪了后代文人的想象空间,创作出寓意丰富的作品。譬如,清代李汝珍所写《镜花缘》一书,描写大人国、君子

国、两面国、长毛国、不死国等奇谈怪论，成为讽喻小说，显然是由本书获得了灵感。

最后还须说明一点，《山海经》的"经"字，不是指古代经典的"经"，而是指"经历"，描写山海之所经。我们可以欣赏神话的心情阅读，懂多少算多少，不必有什么压力。

12

天人之际：
现代人该如何面对"天"？

我们是信天的民族，受天命者为天子，得到百姓的拥戴。天人关系以天子为中介，天子失德，百姓对天的信念随之动摇。要了解古人的核心理念，必须先认清天这个概念的演变轨迹。

古人有宗教信仰吗？这是我们今天所要了解的。

严格说来，"宗教信仰"是"宗教"与"信仰"二词的组合。当人的理性面对无法解释的现象时，往往诉诸信仰，这种信仰用具体的方式（如祭祀、祷告、忏悔、歌颂、舞蹈等仪式）表现出来，即形成了宗教。因此，宗教是信仰之体现，而信仰是宗教之核心。

人的理性能够解释多少现象呢？在古代很少，然后越来越多，但是有一些根本的难题始终无解，如：人类与万物由何而来？往何处去？人有思考及选择的能力，那么人应该如何生活？由"应该"而有善恶之分，那么善恶如何界定？善恶有无报应？这些问题又必然归结于：有没有一个主宰万物的所谓"神"？

对古人而言，"神"必须存在，否则无法面对及回答上述一连串难题。当然，"神"这个字是勉强采用的名称，中国古人称之为"天"或"帝"（由这个"帝"又衍生出"上帝"）。如《诗经·商颂》就说："天命玄鸟，降而生商""古帝命武汤，正域彼四方"。这是商朝百姓有关先祖与建国的神话，其中"天"与"帝"异名同指。为了讨论方便，以下使用"天"这个概念统称之。

对人而言，既不可能也不需要去了解"天"本身是什么；他只需领悟"天对人有何作用"或"天对人扮演什么角色"。我们由此进行下述讨论。

天的五种角色

天对古人而言扮演了"主宰之天、造生之天、载行之天、启示之天、审判之天"这五种角色，也明确展示了这五种功能或作用。这些角色可分为三组：

1. 主宰之天

主宰自然现象，如天时地利、风雨雷电；也主宰人间生活，如农耕收成、君王休咎。在甲骨文与金文的资料中，有许多占卜记录充分证明了这一点。依《尚书·洪范》所载，禹在治理天下时，已有"天子"之名，意即以天为其政权之合法基础，君主受天所命代行天功，要像父母一样照顾百姓。天的主宰角色一直存在，民间也习惯以"青天"称呼公正廉明的好官。

2. 造生之天与载行之天

这两种角色并举，是针对万物得以"存在与发展"而言。孔子是古代文化的忠实继承者，他在感叹"天何言哉"时，表示天虽然没有说话，但其功能持续在运作，即"四时行焉，百物生焉"（《论语·阳货》）。在此，"生"与"行"二字分别指称天的造生与载行功能。万物之生，由天而来，《诗经·鲁颂·天作》中"天作高山"一语可以统括自然界，而《诗经·大雅·烝民》中的"天生烝民"与《尚书·泰誓》中的"天降下民"，皆清楚表示人类的存在可以推源于天。《诗经·大雅》说："上天之载，无声无臭。""载"在此是指上天所行之事，而其事对万物的作用正是载行而使之存续发展。造生与载行的作用所显示的，是使万物生生不息，并且满足了人类对"仁爱"的要求，即平安健康地活下去。

3. 启示之天与审判之天

这两种角色并列，是针对人有理性与自由，可以明白善恶并因其行为而得到适当报应而言。那么，天如何启示人们有关善恶的知识呢？关键在于天子。天子自称"予一人"，扮演天人之间的中介者。他本身最具智慧，足以领悟天命；他借着占卜，可以得悉天命；他还观察民意，如"天视自我民视，天听自我民听"。在这方面，天子若有困难，则依"作之君，作之师"一语，可知还有"师"（如有智慧有德行的大臣）的辅助。然后，天又如何审判并施行报应呢？焦点集中在国家之兴亡。在商汤取代夏桀时，在周武王取代商纣时，都公开宣称是受天所命，执行善恶报应，使百姓重获安顿。天的这两种角色所回应的是人类对"正义"的要求，要让人活得有责任有尊严。

天的概念演变：天已不是原来的天

天虽然如此重要，但是对百姓而言，天的作用能否充分展现，完全由"天子"所决定。因此，若"天子失德"，则百姓对仁爱与正义的要求就会完全落空。《诗经》中屡次出现"怨天"之语（如"视天梦梦"），正好反映了百姓原有的对天的深切期待。看到战乱所造成的生离死别，荒年所带来的哀苦无告，以及善人受尽委屈而恶人志得意满，谁还能对天保持信心？

天的概念的演变分为三途。

1. 主宰之天依然有其力量，但已大不如前

人们转而注意自身理性思考的能力，并随着教化之逐渐推广，而加重了自身在追求仁爱与正义时所应承担的责任。春秋末期所开始的百家争鸣，乃应运而起。

2. 造生之天与载行之天既已失去了赋予仁爱的功能，就蜕化演变为自然之天

这种天只负责天体运行、四季递嬗、寒来暑往、风雨雷电等自然现象，而不再给人其他的希望。人类有如被抛弃在地球上的孤儿，面对冷冰冰的自然规律，一步步接近恐怖陷阱，就是"存在上的虚无主义"。

3. 启示之天与审判之天既已失去了执行正义的功能，就蜕化演变为命运之天

对周朝百姓而言，夏桀与商纣的亡国是历史上最大的教训。这二位暴君知道自己是天子，却不但没有扮演"为民父母"的角色，还完全忘记了"赏善罚恶"的职责。他们面对批判与抗争的浪潮，心中所想的是："我生不有命在天乎？"（《史记·宋微子世家》）原本是要承担重责大任的天命，现在却沦为个人特定命运的借口。真是让人感叹。当正义消失时，一切只能诉诸命运。命运是无理可说、无力可改的，如果人生由盲目的命运所决定，则不仅善恶没有报应，自由成了骗局，连理性思维都将沦为闹剧。那么，人类有何尊严可言？人生又可能成就什么价值？这时所出现的恐怖陷阱，就是"价值上的虚无主义"。

儒家与道家的划时代贡献：破解了天人之际的密码

我们推崇儒家与道家，是因为从世界哲学的角度来看，这两家学说都合乎"体大思精"的要求。或者以司马迁的话来说，这两家做到了"究天人之际，通古今之变，成一家之言"。他们面对虚无主义的危机，分别提出了解决方案，因而不仅救治了当时的困境，也为人类留下了永恒的启示。

针对价值上的虚无主义，亦即与命运之天相伴而生的危机，孔子提出了"使命之天"或新的"天命观"。"天命"不再是帝王专

属的授权书，而成为人性中向善力量的根源。人皆有其天命，就是
要负责完成自身人性的要求，使自己由凡人成为君子。行善的要求
在内不在外，行善的快乐由我不由人。人的价值依此可以确立。命
运并未被取消，也不可能被取消，但由于对自身的觉悟，人摆脱了
命运的挟制，可以重新肯定人的理性、自由与尊严。

　　针对存在上的虚无主义，亦即把人困陷于自然之天的危机，老
子提出了"道"来予以提升及超越。存在上的虚无主义有两点特
色：一是认为人终究会死，死后归于虚无，那么处在乱世或困境
中，与其活着受苦，何不早些结束这无聊的一生；二是认为人无异
于万物，都注定在一个封闭的自然界中同归于尽。

　　老子认为，凡存在之物皆由道而来，并回归于道。道是自然界
以及其中万物的来源与归宿。人也许无法理解自己为何出生，

　　但既已出生，则可以肯定是道在安排此事。这种想法并无悖理
之处。不知其原因，并不代表没有原因。没有原因，是不可能出现
任何东西的。如此一来，人生的明确任务是悟道，并且依道的规律
而生活。以道为母亲，人与万物是同声相应、同气相求的，此即庄
子所说"天地与我并生，而万物与我为一"（《庄子·齐物论》）。
于是，自然之天使人原先产生的被抛弃感、封闭感与疏离感，可以
一扫而光。人进而体察自己与万物的亲密关系，孕生无穷的审美感
受。此即庄子所谓"天地有大美而不言"（《庄子·知北游》）。

　　上述有关天之概念的演变，是我们了解"天人之际"的基本
线索。探讨先秦哲学，如果先厘清此一线索，将可省去许多不必要
的观念纠结。

13

孔子（一）：
人人皆可超凡入圣

从肯定自我走向超越自我，从修养自己
推至造福人群。孔子见证了：人人皆可
超凡入圣。儒家的"君子"典型由此
建立。

　　孔子创建儒家学派，表现"尊重传统、关怀社会、重视教育"的作风，在中国文化的发展上扮演了承先启后的角色。如果探讨孔子思想对现代人有何启示，则首先值得注意的即是"自我的觉醒"。

　　"自我"一词对古人很陌生，它肯定了自己是个独立的个体，能够选择适当的行为，并承担这种行为的后果。在夏朝、商朝与周朝初期，只有天子具有这种"自我的觉醒"，可以自称"予一人"，因为只有他得到天命，作为天与人的中介者。一般百姓只能奉命唯谨，遇到暴君，也只能怨天尤人。

　　孔子生平正值春秋时代末期的乱世，他察觉整个社会的危机在于"价值观瓦解"，就是人们对于是非善恶的判断已经失去了标准，并且即使判断出善恶，也见不到适当的报应。在这种情况下，试问谁还愿意行善避恶？人人如此，结局恐怕是全面的混乱与灭亡。

　　孔子面对这样的挑战，采取的办法是"承礼启仁"。"礼"代表传统的价值观，如礼仪、礼节、礼貌，足以维系人际关系的正常运作，对人们的言行做适当的规范。"仁"代表一个人由真诚而引发的内心力量，促使他走上人生正途，行善避恶。

　　孔子所承之"礼"，兼指"礼乐"而言。他认为礼乐不可徒具形式而沦为装饰品。他说："礼云礼云，玉帛云乎哉？乐云乐云，钟鼓云乎哉？"（《论语·阳货》）意即：我们说礼啊礼啊，难道只是在说玉帛这些礼品吗？我们说乐啊乐啊，难道只是在说钟鼓这些乐器吗？

至于孔子所启之"仁"，则是指礼乐的内涵，亦即人的真诚心意。他说："人而不仁，如礼何？人而不仁，如乐何？"（《论语·八佾》）意即：一个人没有真诚的心意，能用礼做什么呢？一个人没有真诚的心意，能用乐做什么呢？以上两段合而观之，可以明白孔子确有"承礼启仁"的想法。

孔子的"仁"包含"行善、成德"等义，但出发点无疑是人的真诚，否则一切皆是作秀演戏。人要真诚，首先即须出现"自我的觉醒"。如何做到这一步？以下稍加说明。

打定什么主意，全靠自己

孔子说："三军可夺帅也，匹夫不可夺志也。"（《论语·子罕》）军队的统帅可能被劫走，就像金庸《天龙八部》里的萧峰，凭着高超武功，可以在千军万马之中，把敌方统帅劫走。但是，一个平凡人的心意却不能被改变。"志"是心意，代表心中对某件事的固定看法。孔子这句话的重点不在强调平凡人的顽固，而在肯定：即使是个平凡人，只要打定主意，就没有人可以改变他。换言之，人应该有自己的想法，并且为这个想法负责。

要前进要停止，在于自己

孔子说："譬如为山，未成一篑，止，吾止也。譬如平地，虽覆一篑，进，吾往也。"（《论语·子罕》）意即：譬如堆土成山，只要再加一筐土就成功了，如果停下来，那是我自己要停下来的。譬如在平地上，即使才倒了一筐土，如果继续做，那也是我自己要前进的。在这一生中，我们做任何事不都是如此吗？与其把责任推给别人，不如自己勇敢承担。

孔子的言论固然不离做人处事的道理，但他的用心更在于提醒我们如何选择人生正途，如何择善或如何行仁。这一切的关键全在自己一念之间。

走上人生正途，全在自己一念之间

孔子这一次以自己作为示范，他说："仁远乎哉？我欲仁，斯仁至矣。"（《论语·述而》）意思是：行仁离我很远吗？只要我愿意行仁，立刻就可以行仁。在此，"仁"字不是名词，而是动词，指"行仁"而言，亦即走上人生正途，或具体去行善。这句话的契机在于"我欲仁"三字。"欲"代表内心的意愿，以及由此而生主动的力量。

试问：世间有什么东西是靠"我欲"就可以成功的？譬如，孔子说过"富与贵，是人之所欲也"（《论语·里仁》），但是世间有几人真正得到富贵？人之所欲还有：健康、亲情、友谊、学问、事业、幸福等等。但这种种欲望能够仅仅因为"我欲"就实现吗？显然不可能。现在，孔子认为只有"仁"是"我欲"就可以达成的，并且人人如此。由此可见，"仁"必定是"由内而发的"，亦即由于真诚而使自己走上人生正途，并立即找到主动行善的机会。

"仁"字在《论语》里出现一百多次，代表孔子的核心思想与一贯之道。"仁"的意思是"人生正途"，具体作为则是"行善"。因此，弟子们请教"仁"时，孔子总是因材施教，指出各人的人生正途何在。如果追究"仁"的根本原则是什么，最好的参考数据应该是"颜渊问仁"这一章。众所周知，颜渊是孔门弟子中"德行第一，好学唯一"的人才。孔子面对首席弟子请教自己的核心观念"仁"时，他的答案无疑必是一生的主要心得。但令人遗憾的是，这一章很少得到正确的理解。以下略申论之。

走上人生正途，要化被动为主动

我们先列出《论语·颜渊》第一章的原文：

颜渊问仁。子曰："克己复礼为仁。一日克己复礼，天下归仁焉。为仁由己，而由人乎哉？"颜渊曰："请问其目。"子曰："非礼勿视，非礼勿听，非礼勿言，非礼勿动。"颜渊曰："回虽不敏，请事斯语矣。"

这一章须分两段来念，前段为原则，后段为具体作为。先论原则。颜渊请教如何行仁。孔子的回答是"克己复礼"。"克己复礼"按一般理解总是分为两截："克己"与"复礼"，意即要克制或约束自己，并实践礼的规范。但是，这种理解与"为仁由己"一语如何协调？同一个"己"字，在同一句话中，要先克制它，接着又要顺从它。这岂非明显的矛盾？换个方式来理解，把"克己复礼"看成一句话，意即"能够自己做主去实践礼的要求"，也就是"化被动为主动"，然后可以完全连上后续的"为仁由己，而由人乎哉？"一语。在此补充两句：一是"克"字作"能够"解，古例甚多，如《尚书·尧典》的"克明峻德"；二是"克己"的类似用法有"行己有耻"（《论语·子路》）"恭己正南面"（《论语·卫灵公》）等，皆以"己"为主词。

至于本章后段的"非礼勿视"四语，是就具体作为而言，要由"消极方面"不做"非礼"之事入手，再化被动为主动，"能够自己做主去实践礼的要求"。若非如此，则前面已说了克制自己，后面何须再说"勿视"云云？

人自启蒙以来，所受多为规矩、告诫，表现也以"被动"为主。譬如，学生考试作弊，被老师查到时才觉得自己犯了错。这正是标准的被动心态。学生如此，成人也颇有类似的侥幸心理。孔子当时所面对的价值观危机，在本质上也与此类似。推而广之，人类就整体而言不也是如此吗？美国曾做过问卷调查，题目中有一条是："如果可以隐形，你会做什么事？"结果受访的民众有百分之八十都说要"抢银行"。人性之脆弱，由此可见。

人性有脆弱的一面，也有高尚的一面。孔子明白这一点，所以在教导学生时，以循循善诱的方法，希望他们了解：

1. 打定什么主意，全靠自己；
2. 要前进要停止，在于自己；
3. 走上人生正途，全在自己一念之间；
4. 走上人生正途，要化被动为主动。

"自我的觉醒"是一个大工程，在古代只有天子与少数圣贤能有这种体悟。到了孔子，他洞察人性内在即有行善的动力，这一点不因族群、阶级、性别的差异而有所不同，人的尊严由此确立。以此为基础，孔子才会进而主张"己所不欲，勿施于人"，彰显人人平等的智慧，启发一代一代的中国人要"成为君子"。在成为君子的过程中，自然会"立人达人"，促成社会的仁义之风。如此可以成就个人生命的最高价值，得到人生莫大的幸福。

14

孔子（二）：
成功没有捷径

人有理性，但须学习以增广见闻，深思以融会贯通，力行以改善生命。成功没有捷径，快乐操之于己。真诚必有力量，得失存乎一心。

人有理性，可以借由学习与思考，增广见闻、懂得道理，再引发具体的行为，使人生无怨无悔。孔子在古代，开平民教育之先河，带领众多子弟走在学习的道路上，他的心得如何呢？我们可以总结为"好学、深思、力行"三点。

首先是"好学"

孔子本人就是"好学"的典型，他宣称："十室之邑必有忠信如丘者焉，不如丘之好学也。"（《论语·公冶长》）意即：就是十户人家的小地方，一定有像我这样做事尽责又讲求信用的人，只是不像我这么爱好学习而已。

孔子所谓的学，范围相当广泛，包括传统的知（五经）与能（六艺），以及做人处事的道理。"五经"是指《诗经》（文学）《书经》（历史）《易经》（哲学）《礼经》（生活规范）《乐经》（音乐）。这些是古人智慧的集合，也是孔子当时从政的必备知识。"六艺"是指礼、乐、射、御、书、数。由此可知，"礼、乐"二者既有理论知识，也有操作技能。孔子曾经"问礼于老子，习乐于师襄"（《史记·孔子世家》），以礼乐专家而知名于世，并且在五十一岁从政之前，长期以为人治丧为业。《史记·孔子世家》描写他向师襄学习《文王操》时，经过"习其曲"（学会演奏基本旋律）"习其数"（学会高超的演奏技巧）"习其志"（体会作曲者的心意），最后"得其为人"（仿佛见到曲中所描绘的人物）。他的专注好学，使"师襄子辟席再拜"，对他这个学生佩服之至。孔子后来自己成为老师，他的心得是："温故而知新，可以为师矣。"（《论语·为政》）唯其如此，人类的文化才有可能精益求精。

孔子除了娴熟古代知能，也能敞开心胸向四周的人学习，所学的是行善避恶。他说："三人行，必有我师焉，择其善者而从之，其不善者而改之。"（《论语·述而》）又说："见贤思齐焉，见不贤而内自省也。"（《论语·里仁》）学生想要从政，他的鼓励是"多闻、多见"，再认真对照及改进自己的言行。（《论语·为政》）子贡长期追随孔子，体认了孔子"无常师"，可以向各种人、在各种情况之下学习，以致其成就有如光照天地的日月，让人景仰不已。（《论语·子张》）

好学确实可以改变人的命运。《吕氏春秋》记载，有一人，名为宁越，少时家贫，十五岁为人帮佣，每日劳苦，心想一生如此岂不可悲。他请高人指点，得知若努力求学将可改善未来，于是他不眠不休地读书，到三十岁成为受人敬重的学者，人生也从此改观。

其次是"深思"

我们所学的一切都是别人提供的材料，即使全部记下来也未必用得上。因此，主观上进行反省是不可或缺的一步。一般大学生没有深思的习惯，往往考完试就忘了自己的所学。

美国一所大学做过一个实验。暑假之后一个月，大学紧急召回各班第一名的同学，用暑假前的期末考试题目，让这些学生再考一次，结果没有一人及格。这正是"学而不思"的后果。孔子说："学而不思则罔，思而不学则殆。"（《论语·为政》）意即：学习而不思考，则将毫无领悟；思考而不学习，就会陷于迷惑。

孔子对于"思而不学"，也曾有过体验。他说："吾尝终日不食，终夜不寝，以思，无益，不如学也。"(《论语·卫灵公》)把学习与思考对立来看，可知"思"是指就身边见闻所得，认真思索。譬如，从新闻得知各地每天发生的事件，这些事件的前因后果未必呈现，并且纷乱无比。我们就算用心去想，也很难有什么启发。英国诗人艾略特（Thomas StearnsEliot，1888—1965）在《岩石》一诗写道："我们在知识中失落的智慧，到哪里去了？我们在信息中失落的知识，到哪里去了？"信息是每天发生的事情，多想无益，还不如像孔子一样，翻开书本学习。这时的学习才特别值得深思，使书中知识转化为自己的心得。

学习固然需要深思配合，但人生何时不应把握"思"字诀呢？《论语·季氏》记载孔子"君子有九思"的说法，此时"思"是指"自我觉察"而言。这九思是："视思明，听思聪，色思温，貌思恭，言思忠，事思敬，疑思问，忿思难，见得思义。"

意思很清楚：要成为君子，有九种考虑：看的时候，考虑是否明白；听的时候，考虑是否清楚；脸上的表情，考虑是否温和；容貌与态度，考虑是否庄重；说话的时候，考虑是否真诚；做事的时候，考虑是否敬业；遇到有疑问，考虑向人请教；发怒时，考虑麻烦的后患；见到想要据为己有的东西，考虑该不该得。

再回到好学与深思的对照，英国哲学家怀特海（A. N. Whitehead，1861—1947）谈到教育时说："直到课本遗失、笔记焚毁，为准备考试而记忆于心的细目全都忘了，此时你所学的对你才真正有用。"深思正是个中关键，人又怎能学而不思呢？

最后是"力行"

《论语》提及"好学"之人有三：一是孔子，二是颜渊，三是孔文子。孔子好学而德行卓越，合乎"古之学者为己"（《论语·宪问》）的要求。他从十五岁"志于学"开始，一生进境展示在众人之前："三十而立，四十而不惑，五十而知天命，六十而耳顺，七十而从心所欲不逾矩。"（《论语·为政》）所谓"从心所欲不逾矩"已是德行极致，代表好学与力行的完美结合。

关于颜渊的好学。鲁哀公曾问孔子："弟子孰为好学？"孔子回答说："有颜回者好学，不迁怒，不贰过，不幸短命死矣。今也则亡，未闻好学者也？"（《论语·雍也》）换言之，三千弟子只有颜渊合乎孔子的"好学"标准，而他的表现全在于德行修养，就是"不迁怒，不贰过"。知识与德行携手并进，是儒家学说的鲜明标志。

《论语》中的第三位好学者是谁呢？子贡请教老师："孔文子何以谓之'文'也。"于是孔子解释"文"这个谥号的缘由，他说："敏而好学，不耻下问，是以谓之'文'也。"（《论语·公冶长》）孔子的话是对古代谥法"学勤好问曰文"的诠释。要做到"不耻下问"（不以放下身段向人请教为耻辱），也须具备高度的修养。

孔子教导弟子，总是兼顾言与行，并且行先于言。他的杰出弟子列为四科，依序为"德行，言语，政事，文学"（《论语·先进》）。子贡是言语科高材生，他请教怎样才是君子，孔子说"先行其言而后从之"（《论语·为政》），意即：先去实践自己要说的话，做到以后再说出来。类似的说法所在多有，如"古者言之不出，耻躬之不逮也"，又如"君子欲讷于言而敏于行"（《论语·里仁》）。

把握了"好学、深思、力行"三个原则，再看孔子本人的核心观念"仁"，又会产生何种体认？我们知道，仁者需走上人生正途，努力行善避恶，那么，仁者与善人有何差别？差别有二：一是善人行善而未必明白"为何"必须行善；二是善人行善而未必愿意因而"牺牲"生命。仁者则不同。孔子以"仁"教导弟子，要他们了解：

1. 人在真诚时，行善的动力由内而发，产生主动的力量，所以积极为之。
2. 人若为了行善而牺牲生命，不但不是损失或灾难，反而是成全人性的坦途。

孔子说："志士仁人，无求生以害仁，有杀身以成仁。"（《论语·卫灵公》）即是基于上述立场。

最后，孔子心目中的"好学"有何表现？他说："君子食无求饱，居无求安，敏于事而慎于言，就有道而正焉，可谓好学也已。"（《论语·学而》）儒家所期许的是：读书人（士）要成为君子，而君子"谋道不谋食""忧道不忧贫"（《论语·卫灵公》）。"道"是成己成人的理想，我们在学习时，可别忘了这个初衷。

15

孔子（三）：
修养是快乐的保证与保障

修养是一生的功课。言语得当，行为适
中，礼乐调节生活，朋友相互期勉。不
凭空猜测，不坚持己见，不顽固拘泥，
不自我膨胀；快乐亦将如影随形，常在
左右。

如果不谈修养，只靠本能过日子，人生会幸福吗？

孔子对这个问题的回答是否定的。人的本能包含各种欲望与冲动，可以合称为"血气"。血气对人造成的困扰与烦恼很多，孔子说："君子有三戒：少之时，血气未定，戒之在色；及其壮也，血气方刚，戒之在斗；及其老也，血气既衰，戒之在得。"（《论语·季氏》）

由此可见，人在少年、壮年与老年三个阶段，分别会陷于"好色、好斗、贪得无厌"的困境。要想化解这些麻烦，只有靠修养了。

修养有什么秘诀？要如何着手进行？最后又如何联上快乐？以下分别探讨。

修养的秘诀是念兹在兹，随时提醒自己

孔子怎么做呢？他说："德之不修，学之不讲，闻义不能徙，不善不能改，是吾忧也。"（《论语·述而》）意即，孔子所忧虑的是：德行不好好修养，学问不好好讲习，听到该做的事却不能跟着去做，自己有缺失却不能立刻改正。

一个人常常忧虑这些毛病，自然可以避开它们。正如《老子·第七十一章》所说的："圣人不病，以其病病；夫唯病病，是以不病。"意即：圣人没有缺点，因为他把缺点当作缺点；正因为他把缺点当作缺点，所以他没有缺点。《论语·述而》有一章记

载，陈司败指出孔子的过错，孔子听了之后说："丘也幸，苟有过，人必知之。"意即，我真幸运，只要有什么过错，别人一定会知道。孔子专心学习《易经》，期许自己"可以无大过矣"（《论语·述而》）。

换言之，孔子不是天生的圣人，他明白表示："若圣与仁，则吾岂敢？"（《论语·述而》）经由一生的修养，才可超凡入圣。子贡推崇孔子，说："夫子之不可及也，犹天之不可阶而升也。"（《论语·子张》）天空不可能靠楼梯爬上去，但孔子的表率却是：只要用心修养，人人都有希望。接着，我们就以孔子为师，向他学习具体的方法。

德行修养要言行并重，双管齐下

以言语来说，"子罕言利与命与仁"（《论语·子罕》）。孔子很少主动谈起有关利益、命运与行仁的问题。何以如此？因为一谈利益，可能使人见利忘义，或者"见小利则大事不成"（《论语·子路》）；一谈命运，可能使人消极无奈，甚至忽略人生还有更重要的使命；一谈行仁，则须因材施教，就学生的特殊处境来指点人生正途，而不能泛泛说些抽象的道理。

再看"子不语怪、力、乱、神"（《论语·述而》）。孔子不与人讨论有关反常的、勇力的、悖乱的、神异的事情。何以如此？因为反常的事使人迷惑，勇力的事使人忘德，悖乱的事使人不安，神异的事使人妄想。不讨论这些事，并不表示这些事不存在。正如今天对"新闻"的定义是：狗咬人不算新闻，人咬狗才是新闻。"怪、力、乱、神"的新闻说多了听多了，难免人心惶惶，浪费大好光阴。

其次，就行为来说，我们看到"子绝四：毋意，毋必，毋固，毋我"（《论语·子罕》）。亦即，孔子完全没有这四种毛病：不凭空猜测，不坚持己见，不顽固拘泥，不自我膨胀。这四点都是为了化解"自我中心"的执着。没有执着，并不代表没有立场。孔子以慎重态度对待三件事，就是：斋戒、战争、疾病（《论语·述而》）。这三者的优先顺序显示了某种价值观。疾病排在第三，因为那是"个人"的身体健康所应注意的；战争列名第二，因为那是"国家"的安危存亡所须警惕的；斋戒位居第一，则表示宗教上的祭祀是人与祖先的纽带，有报本反始的意义，所谓"慎终追远，民德归厚"（《论语·学而》），足以彰显国人的善良情操。由此亦可知，孔子的修养所关注的不只是个人与国家，还推及包含祖先与子孙在内的人类世界。于此可以再问，这么杰出的修养能带给人快乐吗？

修养是快乐的保证与保障

如果询问孔子的学生之中谁最快乐，那么，答案很清楚，是德行最佳的颜渊。孔子说："贤哉回也！一箪食，一瓢饮，在陋巷，人不堪其忧，回也不改其乐。贤哉回也！"（《论语·雍也》）颜渊生活穷困之至，别人都受不了那种生活带来的忧愁，但颜渊却不曾改变他原有的快乐。

穷困与快乐之间，没有任何合理的联系，除非一个人懂得了"道"，亦即孔子所说的"贫而乐道"（《论语·学而》）。孔子的"道"是指人类共同的正路，简单说来，即是"修己安人"（《论语·宪问》），修养自己，从而安顿四周的人。这样的"道"，平凡人可以努力去追求；若想充分实现，则连尧舜也未必办得到。人生最怕没有目标或选错目标。儒家的目标既正当又明确，在追求及实现的过程中就会带给人无比的快乐。

于是，孔子本人的快乐充分展示出来。他认真做好分内之事。他说："默而识之，学而不厌，诲人不倦，何有于我哉？"（《论语·述而》）这是尽好身为老师的职责。他又说："出则事公卿，入则事父兄，丧事不敢不勉，不为酒困，何有于我哉？"（《论语·子罕》）这是在生活及工作上恪守本分。这两句"何有于我哉"的真正含意是：只要做好这些事，我还在乎什么呢？是否得君行道，有无富贵荣华，完全不在考虑之列。

基于这样的觉悟，孔子才会说："饭疏食饮水，曲肱而枕之，乐亦在其中矣。不义而富且贵，于我如浮云。"（《论语·述而》）他提醒子路，要向别人如此介绍孔子："其为人也，发愤忘食，乐以忘忧，不知老之将至云尔。"（《论语·述而》）以上两段是孔子的自我描述，其中都有个"乐"字，使人印象深刻。我们别忘了，孔子的生平正值乱世。他三岁丧父，十七岁丧母，周游列国时被嘲笑为丧家狗，返回鲁国之前妻子过世，连他的爱徒颜渊与子路也先他而死。他是真情至性之人，伤心至极也曾痛呼："噫，天丧予！天丧予！"（《论语·先进》）

即使如此，他依然保持平静安详的心境，一方面"不怨天，不尤人"（《论语·宪问》），平日闲暇时，则"申申如也，夭夭如也"（《论语·述而》），意即：态度安稳，神情舒缓。常人难以忍受的委屈、不幸、痛苦、灾难，在他身上反而成为考验与试炼，使他的修养日益精纯完善，也使他的快乐发出深刻而动人的光彩。

儒家的快乐不离人间，总是与人共融共享，而不是个人可以独自品味的。孔子说过"益者三乐""乐节礼乐，乐道人之善，乐多贤友"（《论语·季氏》），意即：以得到礼乐的调节为乐，以述说

别人的优点为乐，以结交许多良友为乐。所谓"节礼乐"也代表
人际相处的合宜方式。这三乐皆落实于人间，见证了儒家的入世
情怀。曾子有一句话总结得很好，他说："君子以文会友，以友辅
仁。"（《论语·颜渊》）君子以谈文论艺来与朋友相聚，再以这样
的朋友来帮助自己走上人生正途。

在《论语·微子》中，孔子曾与当时的隐者有过思想上的交
会，孔子表明自己不会与鸟兽同群，而一定坚持在人间奋斗；至于
他的理想未能实现，则早在预料之中。这正是一位守城门者口中
的孔子："是知其不可而为之者与？"（《论语·宪问》）明知理想
无法实现，却依然勇往直前，因为那是出于内心的"真诚"愿力，
也是孔子所觉悟的"天命"所在。关于孔子的天命观，另文将做
较完整的探讨，我们在此学到的心得是：

1. 不论处在什么样的时代与社会，人都需要修养，努力减少
   "自我中心"的执着；
2. 修养必须兼顾言与行，以"文质彬彬"的君子为目标；
3. 修养所造就的德行必然引发人我之间的适当关系，因而使
   心境洋溢于快乐的氛围中。
4. 依此所述，再回头念一遍《论语·学而》开宗明义的第一
   章，不是更可体会孔子的心声吗？子曰："学而时习之，不
   亦说乎？有朋自远方来，不亦乐乎？人不知而不愠，不亦
   君子乎？"

16

孔子（四）：拥有兼顾身心灵
的宗教情操才是完整的人生

兼顾身心灵，才是完整的人生。灵性修
炼使人收敛身心，敬事鬼神，立志以一
己之力，助成"老者安之，朋友信之，
少者怀之"的理想。"人性向善"的信
念使人永远向往至善境界，并由此展现
可贵的宗教情操。

孔子有没有宗教信仰？这个问题值得深入研究。

首先，孔子慎重对待的三件事是"齐，战，疾"（《论语·述而》），"齐"是"斋戒"，而斋戒的目的是祭祀。祭祀的对象是鬼神，包括祖先与神明。《论语·八佾》有一章记载："祭如在，祭神如神在。子曰：'吾不与祭如不祭。'"这一章的前一句是描写孔子祭祀时有如受祭者真的存在，祭鬼神时有如鬼神真的存在，然后才是孔子对自身虔诚态度的说明：我不赞成那种祭祀时有如不在祭祀的态度。孔子从事宗教活动时，是非常虔诚的。

在孔子的时代，祭祀是很普遍的宗教活动，人们借着祭祀与鬼神保持关系。但是，保持这种关系的意图是什么？孔子身为哲学家与教育家，他的宗教信仰有何特殊之处？顺着这些问题思考，可得以下三个要点。

礼敬鬼神而无谄媚求福之心

说到宗教，许多人表现出求福免祸的心理。孔子认为，对鬼神不应"谄媚"，他说："非其鬼而祭之，谄也。"（《论语·为政》）可见有人刻意去祭拜不是自己的身份应该祭拜的鬼神，目的是"谄"（奉承）。当时流行一句话——"与其媚于奥，宁媚于灶"（《论语·八佾》），意即：与其讨好尊贵的奥神，不如讨好当令的灶神。像这一类的奉承与讨好，都是为了求福免祸，视宗教为满足个人欲望的工具或手段，因而背离了真正的宗教精神。

那么，应该如何对待鬼神？答案是：依礼而行祭，表现孝心，同时要敬而远之。孔子开导一位贵族子弟，提示他对父母要"生，事之以礼；死，葬之以礼，祭之以礼"（《论语·为政》）。他公开赞美禹的一项作为："菲饮食而致孝乎鬼神。"（《论语·泰伯》）因此，对鬼神要祭要孝，但人还须承担自身的责任。孔子在樊迟问"知"时，答以"务民之义，敬鬼神而远之"（《论语·雍也》），意即：专心做好为百姓服务所该做的事，敬奉鬼神，但是保持适当的距离。事实上，在《礼记·表记》中，孔子谈到夏朝人与周朝人时，都说他们"事鬼敬神而远之"，可见宗教的归宗教，我们还须认真面对人间的挑战。进一步来看，可以说孔子相信鬼神存在，对待鬼神正有如对待祖先。而孔子真正信仰的对象则是"天"。

向天祷告以肯定终极关怀

孔子批评别人谄媚鬼神时，也宣示了自己的信仰，他说："获罪于天，无所祷也。"（《论语·八佾》）一个人得罪了天，就没有地方可以献上祷告了。古人信"天"，这在《尚书》与《诗经》中材料甚多，而帝王称为"天子"，即是此一信仰的确证。"天"所象征的是至上神，唯一至尊，全知全能而赏善罚恶。

孔子认为，身为君子，应该"知天命"与"畏天命"（《论语·季氏》），不可得罪天。如果胆敢"欺天"（《论语·子罕》），将会受到天的厌弃（《论语·雍也》）。孔子认为只有天了解他（《论语·宪问》），他也不反对别人说"天将以夫子为木铎"（《论语·八佾》）。他在周游列国期间，两度遇到生命危险，都毫不犹豫地表明自己是在奉行天命（《论语·述而》《论语·子罕》），所以别人无法加害他。

孔子谈论自己的一生时，提及"六十而耳顺"一语。这句话中的"耳"字应是衍文，因为他说自己"五十而知天命"，知天命之后就须"畏天命"，进而则是"顺天命"。他五十五岁到六十八岁，主要的作为是周游列国、宣扬教化，有如天之木铎，这正是顺天命的表现。他不仅是"知其不可而为之"（《论语·宪问》），连牺牲生命亦在所不惜。如果面对死亡的威胁，还不能验证一个人的信仰，那么我们也无法描述信仰是怎么回事了。因此，孔子说的是"六十而顺"，所顺的是天命。

先秦儒家经典中，从未见到任何发挥"耳顺"之理的文本，倒是有不少谈到"顺天"与"顺天命"的，如《孟子》和《易传》（大有卦的《象传》，以及萃卦、革卦、兑卦的《彖传》）。由于对天的信仰，孔子才拥有过人的精神力量。德国哲学家尼采（Friedrich Wilhelm Nietzsche，1844—1900）说得好："一个人知道自己为了什么而活，他就能够忍受任何一种生活。"信仰所表明的即是人生之"为了什么"。明白此一目的，则生活上的烦恼、委屈、痛苦、失败都成为试炼，可以忍受也应该忍受。

孔子身为老师，寄希望于年轻的弟子，尤其是最能了解他的颜渊。然而，事与愿违，颜渊竟然先他而死。他为此深感悲恸，甚至高喊："噫！天丧予！天丧予！"（《论语·先进》）这无异于说"天亡我也"。信仰的作用即在于此，它不是满足个人欲望的工具，而是在人生受到重大打击时的最高诉求，这种诉求使人觉悟：不论你有如何伟大的构想，不论你用心如何纯正、愿望如何完美、奋斗如何彻底，也都无法保证最后会有"心想事成"的结局。信仰永远有其"奥妙难解"的一面，足以让人谦虚与敬畏，并持续走在奉行天命的道路上。

换言之，信仰助人把握终极关怀，由此收敛心神，使生命找到中心与重心，不致迷惑离散于纷华热闹的俗世生活中。从世界各大宗教的立场来评估孔子的作为，也须承认他的宗教情操是无比深刻与震撼人心的。

生死观与大志向

现在流行"生死学"，于是有人批评孔子不懂死亡，因为他在回答子路"敢问死"时，说："未知生，焉知死？"（《论语·先进》）事实上，这是孔子因材施教，并且生死犹如日夜，为一体之两面。如果一定要说明死亡是怎么回事，各大宗教也只能诉诸信仰，而无法在理性上有任何确证。

《论语》中，"生"字十六见，"死"字三十八见。这当然只是简单的统计，但至少告诉我们：孔子是了解死亡的。他所了解的不是死亡之后的幽冥界，而是：人生总有一死，只看死得是否值得。

《论语·里仁》有一句深奥的话："朝闻道，夕死可矣！"意思是：早晨听懂了人生理想，就算当晚要死也无妨。"朝夕"代表时间短暂，"闻"代表听懂但未及实践。那么，这样死了也无妨吗？是的，理由在于：宗教所侧重的是生命转向，只要转向正确的道（人生理想），即可死而无憾。至于实践此道的成果如何，则正如人生不可测知的一切风险，即使认真去思考也未必能加以掌握。譬如，佛教徒有"放下屠刀，立地成佛"之说，基督教徒也有"忏悔即可得救"之说，皆出于相似的智慧。面对死亡这件最大的无奈之事，我们还有什么可说？

孔子期许我们在了解人生终将结束之时，也要明白应该以死亡来完成人生目的，因而他有"蹈仁而死""杀身成仁"的主张（《论语·卫灵公》)。"仁"是孔子的一贯之道,它的应用范围是"人与人之间",所以孔子的志向聚焦于他个人与天下人之间的关系。他要以个人之力,谋求天下人的幸福:"老者安之,朋友信之,少者怀之。"(《论语·公冶长》)

"使老年人都得到安养,使朋友们都互相信赖,使青少年都得到照顾。"这个志向是古今中外所有的人所能想象的最伟大、最高尚、最普遍的志向。它在过去、现在、未来都不可能实现,但它无疑指示人类一个正确的方向。孔子之志并非凭空玄想,而是基于他的人性论,其要旨如下:人有人性,人性是向善的;人在真诚时,会自觉一股力量由内而发,促使自己行善;善是我与别人之间适当关系之实现;别人是谁? 天下人都是我的"别人",因此,当我这一生选择了正确的路(道与仁),以成全我的人性时,自然就会产生像孔子所说的那种志向了。而在实现此一志向的过程中,也自然就会认同"朝闻道,夕死可矣"以及"有杀身以成仁"了。

所谓宗教情操,是说:儒家并非某种宗教信仰,但其人性论使人一直在修德行善,永远有向上提升超越的空间,因而彰显了对世人的无比大爱。孔子的知天命、畏天命与顺天命,最后将升华为乐天命,成为中国人最高的精神生活指标。

17

孟子（一）：
人生需要修养

培养"浩然之气"的方法有三：直、义、道。出于真诚之心，选择正当作为，合乎社会规范。浩然之气充塞天地之间，不分国界与种族，正人君子都会广受尊敬与欢迎。

　　孔子之后一百多年，到了战国时代中期，出现了孟子。儒家思想以"孔孟之道"为代表，因此孟子学说值得我们认真探讨。司马迁在《史记·孟子荀卿列传》中指出两点：

1. 孟子受业"子思之门人"；
2. 他在学习孔子学说方面，达到"道既通"的境界。

　　东汉的赵岐注解《孟子》一书，认为此书无所不包，涵盖天地万物、仁义道德、性命祸福等，所以他直接以"亚圣"称呼孟子。司马迁以孔子为"至圣"，赵岐以孟子为"亚圣"，儒家传统由此确立，但更重要的是明白孟子有何思想。
　　儒家谈人生，首重修养。孟子在这方面的体验十分深刻。他描述自己做到"不动心"，并且培养了"浩然之气"，然后还具体指点了修养的步骤。以下依序说明。

先要做到"不动心"

　　公孙丑是孟子的学生，他请教说："先生如果担任齐国的卿相，可以实行自己的主张，那么即使由此而建立了霸业或王业，也是不足为奇的。如此一来，会不会动心呢？"（《孟子·公孙丑上》，本文引用孟子原典的译文，皆参照傅佩荣译解《孟子》，东方出版社）孟子如何回答呢？他说："不，我四十岁就不动心了。"
　　所谓"不动心"，是说不论处在何种情况，是得君行道、兼善天下，或是怀才不遇、有志难伸，自己的心情都不受影响。何以能够如此？因为心中对于人生之"应该如何"有了定见，只要肯定自己走在道义的路上，就不会在乎世俗的成败与得失。孟子说："君子有终身之忧，无一朝之患。"（《孟子·离娄下》）意即君子所忧的是没有成为像舜一样的圣人，而毫不担心一时的困扰。

这种"不动心"必须沉得住气，所以孟子接着谈到如何"养勇"。他描述了三种勇敢：一是"外发"，以外在的过人气势来彰显勇敢；二是"内求"，借着坚定内心必胜的意念而无所畏惧；三是"上诉"于人人心中共有的义理，务求放诸四海而皆准。这第三种正是孟子间接引述孔子所谓的大勇："反省自己觉得理屈，即使面对平凡小民，我怎能不害怕呢？反省自己觉得理直，即使面对千人万人，我也向前走去。"当我们朗诵"虽千万人吾往矣"时，不可忘记这整段话所说的两种"反省"。

只要明白道义何在，又能时时反省，见善则迁，有过则改，久之自然坦荡荡而不动心了。

培养"浩然之气"

当学生请教孟子有何过人之处时，得到的答案是："我知言，我善养吾浩然之气。"（《孟子·公孙丑上》）所谓"知言"，是指听得懂别人的话，并且知道别人说话时的心理状态，以及别人的话将会产生何种后果。这种本事，绝非泛泛，它使我们想起孔子在《论语·尧曰》的话："不知言，无以知人也。"儒家对人间的关怀与认识，亦由此可见。

至于何谓"浩然之气"，孟子先说："难言也。"因为它牵涉到个人的生命体验，仅靠口说笔述，实在讲不清楚。孟子勉强为之。他说："那种气，最盛大也最刚强，用'直'来培养而不加妨碍，就会充满在天地之间。那种气，要用'义'与'道'来配合；没有这些，它就会萎缩。它是不断集结义行而产生的，不是偶然的义行就能装扮成的。如果行为让内心不满意，它就要萎缩了。"

"气"是什么？孟子认为，人有身体与心智。身体的内容是"气"，而心智打定的主意是"志"；志是气的统帅。因此，培养浩然之气的关键在于"志"，在于打定主意要对"气"做什么，亦即要用"直"来培养，并且用"义"与"道"来配合。

以今天的话来说，"直"就是真诚，做人处事没有复杂的念头，保持单纯而正向的动机，不欺暗室，也不自欺欺人，可以公其心于天下。长期如此，则言行表现自然充满力量，足以感动别人。再看"义"，则是指在具体情况下既适当又正当的作为。它需要对相关的人与事有清楚的认识和正确的判断；它也需要经验与智慧，以及勇敢的抉择。然后，所谓"道"，是指人类社会共同的规范，通常体现在礼与法之中。

三者合而观之，可知儒家在"择善"方面的考虑。善是人与人之间适当关系之实现。判断某种言行是否合乎善，所要考虑的是：

1. 内心感受要真诚（这是"直"的要求）；
2. 对方期许要沟通（否则谈不上"义"）；
3. 社会规范要遵守（如此可以合乎"道"）。

换言之，孟子所培养的浩然之气，是就坚持行善而言。只有出自真诚去行善，才会让一个人的生命保持完整，用"大体"（心）来引导"小体"（身），所谓"养其小者为小人，养其大者为大人"

（《孟子·告子上》）。长期走在成为大人的路上，浩然之气也逐渐
在扩张中。

这种气可以"塞于天地之间"。气是身体的内容，也是有形质
的宇宙万物的共同因素。所谓"浩然之气"，是把人的生命力发挥
到极致，抵达与万物相通的地步。孟子在另一处说："真正的君子，
经过之处都会感化百姓，心中所存则是神妙莫测，造化之功与天地
一起运转。"（《孟子·尽心上》）这两处皆谈及"天地"，其意在
描述君子在"任何时空"中，都可以从容自在，意即"嚣嚣"（悠
然自得），所谓"尊德乐义，则可以嚣嚣矣"（《孟子·尽心上》）。

由此可见，浩然之气是把身体血气借由道德修行而提升转化为
精神能量。这种修行要由心着手。

心的修养

听到孔子自述"七十而从心所欲不逾矩"（《论语·为政》），
我们明白人心需要修养，否则从其所欲就会逾矩。在孟子看来，人
心的情况如何？他认为："抓住它，就存在；放开它，就消失；出
去进来没有定时，没人知道它的走向。大概说的就是人心吧！"
（《孟子·告子上》）其次，人心可能会被茅草堵塞住（《孟子·尽
心下》）。只要一段时间不阅读、不思考、不学习，就会受到名利
权位的堵塞。

然后，人心很容易陷溺。丰年与荒年时年轻人的作风大异，即
是他们的心陷溺在某种情况下造成的（《孟子·告子上》）。还有，
人心会丢失不见，所谓"失其本心"即是此意。

如果对照道家的庄子对人心的描写，可知孟子也是所见略同。

那么，要如何修养呢？

首先,"养心莫善于寡欲"(《孟子·尽心下》)。要减少欲望,这其实是所有圣贤的共同教训。其次,要知耻。孟子说:"人不可以没有羞耻,把没有羞耻当作羞耻,那就不会有耻辱了。"(《孟子·尽心上》)然后,说话要谨慎,他说:"谈论别人的缺点,招来后患要怎么办?"(《孟子·离娄下》)

接着,介绍一些正面的方法。

第一,要自我反省。孟子再三强调要"反求诸己"。他说:"行仁的人有如比赛射箭。射箭的人端正自己的姿势再发箭,如果没有射中,不抱怨胜过自己的人,而要反过来在自己身上寻找原因。"(《孟子·公孙丑上》)

第二,要提升志向,以实践仁义为目标(《孟子·尽心上》)。孟子推崇颜渊,而颜渊的志向是取法于舜,他说:"舜是什么样的人?我是什么样的人?有所作为的人都应该像舜一样。"(《孟子·滕文公上》)孟子自己也有一句名言传了下来,就是"人皆可以为尧舜"(《孟子·告子下》)。

第三,要坚持到底。他以比喻来说:"五谷是各类种子中的精华,如果没有长到成熟阶段,反而比不上稊米与稗子。谈到仁德的作用,也在于使它成熟罢了。"(《孟子·告子上》)他又说:"有所作为的人就像挖一口井,挖到六七丈深还没有出现泉水,仍是一口废井。"(《孟子·尽心上》)

孔子的循循善诱与孟子的谆谆告诫,都足以彰显儒家的淑世情怀。他们的学说并非一厢情愿的意念,而是出于对人性的真知灼见,明白人生的幸福何在,再苦心孤诣地提出合理的观点。

18

孟子（二）：
人生关键在于择善固执和
止于至善

"性善"是说：人若真诚，则有力量由
内而发，要求自己行善。"善"是指我
与别人之间适当关系之实现。因此，善
在于行为，而其动力来自于真诚之心。
这是"人性向善"的观点。人生正途在
于择善固执，人生目标在于止于至善。

孟子声称自己的愿望是学习孔子（《孟子·公孙丑上》），因此在关于人性这个重大的议题上，他应该会绍述并发扬孔子的想法。关于人性，孔子只说过"性相近也，习相远也"（《论语·阳货》），并未明言性善。但是细读《论语》，当孔子说"我欲仁，斯仁至矣"（《论语·述而》）时，他显然肯定人有主动行善的力量；再者，当孔子劝导宰我遵守三年之丧的伦理规范时，提及若不这么做，"于汝安乎？"这表示孔子相信，人若不行善，则心将不安。顺着此一思路，孟子主张"性善"，则是可以理解的。

但是，"性善"是指宋明许多学者所谓的"人性本善"吗？我在此暂时撇开后代学者的诠释，专就孟子自己的说法来探讨这个问题。

认真面对两种"几希"

孟子的观察十分敏锐，他在界说人性时，特别考察两个角度：一是凡人与禽兽的差异，二是舜与凡人的差异。从这两种差异入手，人性的真相就显豁了。首先，他说："人与禽兽不同的地方，只有很少一点点，一般人丢弃了它，君子保存了它。舜了解事物的常态，明辨人伦的道理，因此顺着仁与义的要求去行动，而不是刻意要去实践仁与义。"（《孟子·离娄下》）

由此可知，人与动物的几希之异，是可以被丢弃也可以被保存的。这样的人性显然不是某种固定的本质状态。君子存之，而舜是典型的代表。那么舜之"明于庶物、察于人伦"是他的天赋本事还是后天学得的？孟子说："舜住在深山里的时候，与树木、石头做伴，与野鹿、山猪相处，他与深山里的平凡百姓的差别，只有很少一点点。等到他听了一句善言，看见一件善行，学习的意愿就像决了口的江河，澎湃之势没有人可以阻挡。"（《孟子·尽心上》）

由此可知，舜是因为"闻一善言，见一善行"而起了真诚效法之心，然后变得与众不同。换言之，连舜都如此，可见没有人是天性本善的。舜的特色是：真诚过人，见善则学，再引发内心的向善动力。

舜担任天子时，深为百姓的状况担忧。百姓的生活模式是："吃饱穿暖，生活安逸而没有受教育，就和禽兽差不多。"（《孟子·滕文公上》）接着他命令契为司徒，教导百姓五伦，由此可知，善在于五伦（亦即前述舜所明察的人伦），而人若不学习，就既不会明白善也不会实践善。试问：这样的人性何以又被孟子说成"性善"？至少我们可以先肯定一点：孟子所谓的性善，不是字面上所说的"人性本善"。

心之四端有如四体

在《孟子》书中，"性善"一词出现过两次。一次是"孟子道性善，言必称尧舜"（《孟子·滕文公上》），这是概括的描述。另一次是他的学生公都子列举三种人性观，然后请教他："今曰性善，然则彼皆非欤？"（《孟子·告子上》）孟子对此做了详细说明，在说明中谈到"心之四端"。所谓"心之四端"，是指人有"恻隐之心，羞恶之心，辞让（或恭敬）之心，是非之心"。这四心其实是同一个心的四端。所谓"端"，是指什么而言呢？孟子说："恻隐之心，仁之端也；羞恶之心，义之端也；辞让之心，礼之端也；是非之心，智之端也。"（《孟子·公孙丑上》）换言之，人之实现"仁义礼智"，是因为人心生来即有四端。他说："人之有是四端也，犹其有四体也。"人的身体有四肢，人的心有四端。有四肢，才有行动的可能；有四端，才有行善的可能。孟子所谓的性善，即指：人人皆有行善的可能性；并且若不行善，即是把人之所以异于禽兽的"几希"给丢弃了。

容易引起误解的是孟子在《告子上》所说的"恻隐之心，仁也；羞恶之心，义也；恭敬之心，礼也；是非之心，智也。仁义礼智，非由外铄我也，我固有之也，弗思耳矣"。问题很清楚，前面说"恻隐之心，仁之端也"，现在说"恻隐之心，仁也"，这两句话要如何理解？难道"仁之端"与"仁"是同一件事吗？理解的关键在于：分辨一个肯定语句所说的是"等于"还是"属于"。譬如，说"孔子，圣人也"，并不是说"孔子等于圣人"，而是说"孔子属于圣人这个类别"。同样地，说"恻隐之心，仁也"，并不是说"恻隐之心等于仁"，而是说"恻隐之心属于仁"，由恻隐之心所实现的善即是仁。由此可以区别不同的善。

孟子笔下的"善"用作名词时，皆指"行为"而言。因此，心之四端是指由这四端可以使人做到四种善（仁义礼智）。这四善不是由外界加给我的，而是我本来就具有的四端所引发的。这样的理解合适吗？

孟子说："人性之善也，犹水之就下也。人无有不善，水无有不下。"（《孟子·告子上》）何以用水做比喻？因为难以直接描述人性。"下"是水的性还是水的向？"善"是人的性还是人的向？认真思索这个比喻，就知道孟子说的是"人性向善"，而不是"人性本善"。

孟子又说："心之所同然者何也？谓理也，义也。圣人先得我心之所同然耳。故理义之悦我心，犹刍豢之悦我口。"（《孟子·告子上》）正如我的口如何喜欢肉类料理，我的心也如何喜欢理义（合理性与正当性）。理义在此代表善的言行，它使我的心喜欢，那么我的心不是向善的吗？面对这个比喻，如果还要坚持人性本善，就无异于宣称人的口中生来就有刍豢，那岂不是悖理之至？孟子当然不会有这样的想法。

真诚是行善的契机

孟子主张性善，但不否认罪恶的存在。那么，罪恶是怎么回事？他还是以水比喻。他说："现在，用手泼水让它飞溅起来，可以高过人的额头；阻挡住水让它倒流，可以引上高山。这难道是水的本性吗？这是形势造成的。人，可以让他去做不善的事，这时他人性的状况也是像这样的。"（《孟子·告子上》）

关于人之行恶，除了外在的形势与诱惑之外，还须考虑：人是否未受良好教育，缺乏正确观念，放纵感官，欲望过多？以及最值得留意的：人是否不真诚，以致忽略或抹杀了心之四端的要求，或者在心的善的萌芽一出现，就被"旦旦而伐之"，结果成了牛山濯濯的样子？

是的，关键在于真诚。人若不真诚，心思全用在计较利害上面，又怎么可能行善？即使偶尔行善，也只是以此为手段以达成世俗的目的，亦即"从其小体为小人"（《孟子·告子上》）。反之，人若真诚又将如何？

孟子谈到：一个人身居下位而要治理百姓，必须先得到长官的支持；要得到长官的支持，必须先获得朋友的信任；要获得朋友的信任，必须先让父母满意；要让父母满意，必须先真诚反省自己；

要真诚反省自己，必须先明白什么是善。(《孟子·离娄下》)

顺着这个思路，孟子说："至诚而不动者，未之有也；不诚，未有能动者也。"意即：真诚到极点而没有善的行动，那是不曾有过的事；不真诚，是不可能做出善的行动的。由于原文只说"动"字，它也可以指"使人感动"，但是若无善的行动，又如何使人感动？如果这里不谈善的行动，那么前面何必要先说"不明乎善，不诚其身矣"？因此，真诚绝不只是在心中自以为真诚，而是在明白了善之后，以真诚态度让"心之四端"运作而生力量，进而付诸实践。光有善念而没有行动，是不能称为善的。

孟子善于使用比喻，他在说明人人皆有"心之四端"之后，强调还须扩而充之，像柴火刚刚燃烧，泉水刚刚涌出，"若火之始然，泉之始达"(《孟子·公孙丑上》)。推而广之，谈到治理百姓，只要上位者表现仁德，则"民之归仁也，犹水之就下，兽之走圹也"(《孟子·离娄上》)。孟子使用了这么多具有明显动向与动态的比喻，应该足以说明他所谓的"性善"是指人性向善了。

19

孟子（三）：
善心与法度配合，才谈得上
"仁政"

仁政须以经济为基础，并以教育来引导。君主以身作则，上行下效，使仁爱与正义得以实现。君臣合作照顾百姓，与民偕乐。"行一不义，杀一不辜，而得天下，皆不为也。"这是儒家政治的最高守则。

　　儒家关怀社会，希望借由教育与政治来造福百姓。谈到政治，孔子认为"上行下效、以身作则"是基本原理，德政与理智配合应该可以生效。孟子于是大力宣扬"仁政"，相信那是唯一的正途。但是随着历史的进展，儒家的理想并没有实现的机会，顶多被当成招牌来稳定社会秩序，而真正用上的是法家，此即所谓的"阳儒阴法"。

　　这是因为儒家的政治理论有什么根本的缺陷，还是因为古人忙着利用儒家，使它成为儒术（如汉武帝时董仲舒倡言之"罢黜百家，独尊儒术"）？也许这其中还涉及统治者"总是"准备不足，未能在行使权力之前做好修身的工作。上述几个问题都会引来各种议论，不可能取得共识。因此当务之急，不如先辨明孟子的仁政思想究竟有何内涵。首先要指出一点，就是孟子固然强调为政者要有善心，但他并未忽略法度的重要。他说："徒善不足以为政，徒法不能以自行。"（《孟子·离娄上》）善心与法度配合，才谈得上仁政。那么，仁政要怎么运作呢？

仁政的出发点

　　孟子说："夫仁政必自经界始。"（《孟子·滕文公上》）"经界"意即划分田界，让百姓有田可耕，通过自己的努力，可以养家糊口。周代的井田制度如果能够落实，社会的经济条件自然得以改善。孟子说："乡田同井，出入相友，守望相助，疾病相扶持，则百姓亲睦。"君主只要不耽误农民的耕种与收获，按季节砍伐树木与捕食鱼鳖，就可以让大家安居乐业。他说："七十岁的人有丝棉袄穿也有肉吃，一般百姓不挨饿也不受冻，这样还不能称王天下，那是从来不曾有过的。"（《孟子·梁惠王上》）其次，有恒产才会有恒心。百姓有固定的产业，才会有坚定的心志，不然难免"饥寒起盗心"。当时有一句流行的话，叫做"率兽食人"，意即君主的厨房有肥猪肉，马厩里有肥壮的马，但郊外却有饿死的百姓尸体。一位年轻的君主请教孟子"谁能统一天下"？孟子的回答让人听了心痛，他说："不喜欢杀人的国君，就能统一天下。"（《孟子·梁惠王上》）期望君主善待百姓，似乎是个幻想。

然后，百姓还需要接受良好的教育，"谨庠序之教，申之以孝悌之义"，办好人伦教育，大家从实践孝悌开始，推广出去，天下自然渐趋太平。由此可见，仁政建立在合理的经济制度上，使百姓生活有了保障，再加以适当的教育。这种观点显然并非悬在空中的乌托邦。

国君何以推行仁政？

孟子见过的国君有梁惠王、梁襄王、齐宣王、滕文公等，他与这些国君谈话的主题环绕着仁政，想要说服他们勇敢推行之。以他自己的话来说，他所努力的正是："惟大人为能格君心之非。"（《孟子·离娄上》）只有德行完备的大人，才有办法分辨与导正国君心中偏差的观念。

孟子为国君分辨的，第一，是王道与霸道的不同。以力服人是霸道；只有以德服人，才会像商汤与周文王一样，得以称王天下。若是不行仁政，就会像夏桀与商纣，占有王位却仍然亡国灭家。

第二，是仁义与利益不同。《孟子》全书开篇第一句话，就是他谒见梁惠王，梁惠王问他何以"利吾国"，他的答复是："王何必曰利？亦有仁义而已矣！"他提醒说："上下交征利，而国危矣。"若是倡导仁义，则会使人爱亲敬长，奉献心力保家卫国。秉持这种精神，可以使百姓手持木棍打败强国的坚甲利兵。理论上可以这么说，但实际上却难以验证，因为战争成败所涉及的因素太过复杂。

面对这个质疑，孟子如何回应？他以"杯水车薪"为比喻："仁者战胜不仁者，就像水战胜火一样。现在实践仁德的人，就像用一杯水去救一车木柴的火；火没有熄灭，就说这是水不能战胜火。这样就给了不仁者最大的助力，最后连原先想要行仁的心也会丧失的。"（《孟子·告子上》）这段话说得没错，但是天下有几个君主做得到商汤与周文王的标准？

第三，仁政的原则是"与民偕乐"。齐宣王羡慕周文王的园林比他的大，孟子告诉他二者的差别：周文王的园林是与百姓一起享用的。齐宣王的呢？百姓"杀了其中的麋鹿，就如同犯了杀人罪，这等于在园内设下了纵横各四十里的陷阱，百姓认为太大了，不也是应该的吗？"（《孟子·梁惠王下》）园林只是其一，国君的奢侈享受与百姓的苛捐杂税对照之下，能不使人感叹吗？

大臣如何推动仁政？

孟子曾在齐国担任顾问，与各国官员也有不少往来谈论。他念兹在兹的还是希望推行仁政。大臣辅佐国君，并负责实际政务，必须谨记："长君之恶其罪小，逢君之恶其罪大。"（《孟子·告子下》）意即：助长国君的过错，这种罪行还算小；逢迎国君的过错，这种罪过就大了。逢君之恶，是指找些理由来为国君开脱责任。自古以来，这正是读书人既可耻又可悲的行为。

在《论语·先进》中，孔子谈到"大臣"时，首先列出一个标准，就是"以道事君，不可则止"。儒家的立场没有妥协余地，而孟子对大臣的要求亦复如此。

其次，大臣要尽忠职守，照顾百姓。孟子对平陆的大夫说："假设有个人接受别人的牛羊而替他放牧，那么这个人一定要为牛羊找到牧场与草料。如果找不到牧场与草料，那么他是把牛羊还给主人呢，还是站在那儿看着牛羊饿死？"（《孟子·公孙丑下》）这个比喻很合理。身为大臣，岂能忽视这种职责？

然后，该做的事不可拖延。宋国一位大夫听了孟子有关减税的建议，就说："今年还做不到，预备减轻一些，等到明年再停止旧的办法，这样如何？"孟子的反应十分激烈，他以有人每天偷邻人的鸡为喻，反问："预备减少一些，每月偷一只鸡，等到明年再停止偷鸡。这样做可以吗？"孟子接着说："周公想要融合三代圣王（禹汤、周文王、周武王）的表现，实践上述四个方面的善德；如果有不合当时情况的，就仰起头思考，夜以继日；侥幸想通了，就坐着等候天亮，立即去实践。"（《孟子·离娄下》）"坐以待旦"一语应该是所有大臣的座右铭。

再者，身为大臣，必须有"好善之心"。孟子的学生乐正子在鲁国受到重用，这事使孟子"喜而不寐"。公孙丑请教他：乐正子"强乎？有知虑乎？多闻识乎？"孟子都说不然。他指出：乐正子只有一个胜过天下人的优点，就是"好善"（《孟子·告子下》）。喜欢听取善言，则天下人集思广益，还怕不能办好政治吗？

最后，官员在修养道德方面不可松懈。向古人学习，"修其天爵而人爵从之"，天爵就是"仁义忠信，乐善不倦"（《孟子·告子上》）。

　　孟子畅谈仁政理想，还有几个核心观念。

　　一是以民为贵。他说："民为贵，社稷次之，君为轻。"（《孟子·尽心下》）这是秉承《尚书·五子之歌》所谓的"民为邦本，本固邦宁"的思想。但是从秦始皇建立帝王专制之后，"民为贵"一语显得不知所云。

　　二是他认为君臣之间的伦理关系是相对的，所谓"君之视臣如手足，则臣视君如腹心；君之视臣如犬马，则臣视君如国人；君之视臣如土芥，则臣视君如寇仇"（《孟子·离娄下》）。汉朝学者以为儒家讲三纲，其中的"君为臣纲"如何能与孟子此语相容？

　　三是孟子声称：像孔子这样的人（如伯夷、伊尹）如果从事政治活动，基本原则是"行一不义，杀一不辜，而得天下，皆不为也"（《孟子·公孙丑上》）。这十六字箴言是推行仁政的底线。由此看来，现实世界距离此一理想还十分遥远。希望世间从政者对此要有"虽不能至，心向往之"的觉醒。

20

孟子（四）：
快乐的秘诀

儒家有忧患意识，总是担心百姓生活困难、教育不足、未能择善固执，但是儒家出于真诚，修己安人，心中永远洋溢悦乐之情。"君子三乐"，意在成己成人；"反身而诚"，其乐操之于己；"人生六境"更是我们终身修养的目标。

儒家对于快乐，向来深具信心。孔子过着简朴生活，但是"乐亦在其中矣"（《论语·述而》）；他的学生颜回生活穷困，但是"不改其乐"（《论语·雍也》）。孟子关于快乐，提出更多描述，我们略加察考，发现一个特色，就是他会同时注意"乐"与"忧"。

他鼓励齐宣王多为百姓着想，他说："乐民之乐者，民亦乐其乐；忧民之忧者，民亦忧其忧。乐以天下，忧以天下，然而不王者，未之有也。"（《孟子·梁惠王下》）同天下人一起快乐，同天下人一起忧愁，这是称王天下所必须做到的。但是，如果"乐"成为安乐或享乐，"忧"成为忧患或患难，情况就不同了。孟子谈到"天降大任"一段话时，肯定考验是必要的过程，结论则是"生于忧患而死于安乐"（《孟子·告子下》），意即：忧患中能获得生存，安乐中会招致灭亡。

孟子认为自己饱经忧患，并且得到天降大任。他说："夫天未欲平治天下也。如欲平治天下，当今之世，舍我其谁也？吾何为不豫哉？"（《孟子·公孙丑下》）他的口气充满自信，像他这样的人怎么会不快乐呢？以下试述孟子的快乐观。

君子有三乐

孟子宣称：君子有三种快乐是超过"称王天下"的，这话值得认真倾听。这三乐是：

一、父母俱存，兄弟无故；

二、仰不愧于天，俯不怍于人；

三、得天下英才而教育之。（《孟子·尽心上》）

他说的有道理吗？

第一，父母都健康，兄弟都无灾无难。

这听来像是狭隘的家庭主义，只管自己的家人平安。这种快乐会胜过君临天下吗？天下具备这项条件的人比比皆是，但为何不见他们如此快乐呢？原来孟子另有深意。一个人在父母俱存时，他遇到老年人就比较容易"老吾老以及人之老"，因而真诚表现出尊敬与礼让的态度。他在兄弟无故时，遇到同辈的人，就比较容易把他们当成兄弟看待。然后，他与"别人"之间的适当关系也就比较容易实现了。

简单说来，人性是向善的，而"善"是我与别人之间适当关系之实现。因此，要实现善，必须首先关怀及珍惜"别人"。父母俱存与兄弟无故，使我们更容易做到这一点，意即更有可能行善以完成人性的要求。所以，孟子所说的快乐，不是只在意家人平安，而是考虑到自己的人性能否顺利实现其潜能。这是作为一个人的最根本的快乐。

第二，对上无愧于天，对下无愧于人。

天给了我这样的人性，亦即向善的人性，所以我走在行善的路上，即可无愧于天。同时，善涉及了我与别人之间的适当关系，所以行善即可无愧于人。孔子认为，君子要知天命与畏天命（《论语·季氏》）；到了孟子就把天命与人性做了合理的联系，亦即他所说的"尽其心者，知其性也；知其性则知天矣。存其心，养其性，所以事天也"（《孟子·尽心上》）。能够事天，其快乐自然胜过君主了。

第三，得天下英才而教育之。

这里把教育当成快乐，其实也是在奉行天命。

孟子引述《尚书·泰誓》所云："天降下民，作之君，作之师，惟曰其助上帝宠之。"（《孟子·梁惠王下》）孟子说的属于"作之师"，这不是在回应天命的要求吗？至于"英才"，则儒家向来认为"有心上进者为英才"，如此可以培育优秀的下一代，使未来更有希望。

因此，以上三种快乐，代表了"顺天命以完成人性"的三种作为。至于称王天下之乐，在此实在相形失色。

反身而诚，乐莫大焉

我们未必时时与人相处，即使与人相处也未必事事皆可如意。因此，懂得如何自处或对待自己，是人生必学的一课。孟子说了一句心得，可谓发人深省。他说："万物皆备于我矣。反身而诚，乐莫大焉。强恕而行，求仁莫近焉。"（《孟子·尽心上》）这句话分为三小段，其中第一句最抽象，第二句最让人向往，第三句则相对能落实。

首先，"万物皆备于我"在说什么？"我"是指每一个人，万物在每一个人身上都齐备了。这表示每一个人都没有什么缺憾，都具备了他们所需要的一切。换言之，即是我对万物一无所求，只要取得最低限度的生活条件，像颜渊那样，"一箪食，一瓢饮，在陋巷"（《论语·雍也》），然后天地虽大、万物虽多，与我有何关系？富贵荣华、名利权位，又与我有何相干？

其次，"反身而诚"是说反省自己做到了真诚，不为任何利益而损伤道义，也不为任何理由而委屈别人，保持光明坦荡的心胸，就可以体会"乐莫大焉"的意境了。当然，所谓真诚，并非自以为是，而是随时可以展现为具体的善行。孟子谈到：在做到"仁、义、智、礼、乐"之后，就会快乐起来，达到"不知足之蹈之，手之舞之"（《孟子·离娄上》）的程度。

　　然后，努力实践推己及人的恕道，这是行仁的最近途径。孔子所谓的"恕"是"己所不欲，勿施于人"（《论语·卫灵公》），不可脱离人我之间的关系。孟子谈到真诚时，也不会忘记由恕（将心比心）来实践仁。

　　由此观之，儒家的快乐观很清楚，就是在明白人生正途之后，坚定心志往前走。人生正途是顺着人性的要求而展现的。这样的人生始于明白善是什么，再出之以真诚，由内而发产生力量，使自己主动行善。为了完成这个目的，有所牺牲也在所不惜。所以孔子会说"杀身成仁"，孟子会说"舍生取义"，明明是牺牲生命，却使用"成、取"二字，反而像是大有收获。学会上述思想，人生操之于己，快乐自然也将如影随形。那么，在抵达生命终点之前，人还可以朝什么境界去修养呢？

人生六境

　　孟子评价他的学生乐正子是"善人也，信人也"，接着说了一段人生六境："可欲之谓善，有诸己之谓信，充实之谓美，充实而有光辉之谓大，大而化之之谓圣，圣而不可知之之谓神。"（《孟子·尽心下》）我们依次分析之。

1. 可欲之谓善

　　这句话的主词是人的心，而不是人的身。孟子说过"理义之悦我心"（《孟子·告子上》），可见人心觉得可欲的即是理与义，可通称之为"善"。一个人的行为（如孝、悌、忠、信）使我心觉得值得欲求，此一行为即可称为"善"。但是，这种行为是否出于别人的要求呢?

2. 有诸己之谓信

善行不是出于别人的要求,而是自己真诚去做的,是由真诚引发内在力量去完成的,这样才可算是"信"。信是真实之意。

3. 充实之谓美

由真实到充实,是说在"一切"人我相处之事上,都能做到善,由此彰显人格之美。

4. 充实而有光辉之谓大

长时期彰显人格之美,以至发出光辉,足以照亮四周的人。这样才可称为"大"。孟子口中的"大人"常指德行完备的人,即是此意。

5. 大而化之之谓圣

不仅发出光辉,还能进而产生感化人心的力量,造成化民成俗的效果,这样的人即可称为圣人了。孟子所谓的"圣之清者,圣之和者,圣之任者,圣之时者"(《孟子·万章下》),皆有类似的表现。

6. 圣而不可知之之谓神

在圣之上还有"不可知之"的境界,表示人性的潜能是无法限制与难以想象的。古人以为"人是万物之灵",孟子这句话是对"灵"字的最高礼赞。儒家肯定人可以做到"止于至善",只是无从描述罢了。

孔子曾感叹"莫我知也夫"(《论语·宪问》),孟子确实了解孔子,他的学说可以化解孔子的感叹。孟子也曾声称"予岂好辩哉? 予不得已也"(《孟子·滕文公下》),我们只须静下心来仔细省思孟子的言论,就可以领悟他的学说要旨。孟子不需要别人为他辩解,他自己的言论即可构成一个圆满的体系。

21

《大学》：
修身乃人生之本

从天子到百姓，都要以"修身"为本。修身是修养言行，使归于善，使人际相处和谐而愉悦。"格物致知"助人了解适当的行为规范，"诚意"要求真诚面对内心的动机，"正心"则须排除情绪干扰。

"大学"作为教育机构，是要教导贵族子弟"将来"做个好官，善尽照顾百姓的职责。《大学》这篇一千多字的文章，是从儒家的立场说明"大学"的目标与运作过程。南宋朱熹把原本属于《礼记》中的《大学》与《中庸》抽出来，与《论语》《孟子》合编为"四书"，写成《四书章句集注》，并以《大学》列为首篇，从此以后，中国读书人都知道《大学》是一本必读之书。

问题在于《大学》所说的是"人要如何修养"，而不涉及"为何人要修养"。因此，谈儒家总是必须先学习《论语》与《孟子》，明白人性向善的道理，如此方可回应"为何人要修养"，进而探讨"人要如何修养"。《大学》继承儒家传统，知道人性虽然向善，但一般百姓仍然处于困境，如"小人闲居为不善，无所不至"一语，就让人深感无奈。小人是指平凡人，而贵族子弟即使可以世袭官位，若不认真修养，同样会陷于困境。所以，《大学》会强调："自天子以至于庶人，壹是皆以修身为本。"人人都需修身，而官员更须以身作则。

大学之道：君子修养的"三个层次"

《大学》开宗明义说："大学之道，在明明德，在亲民，在止于至善。"如果明白"大学"所说的是"如何修养"，这句话就不复杂了。其意为："大学"的目标，是要教导贵族子弟（他们才有资格上大学）做到：

1. 如何彰显高明的德行？
2. 如何亲近照顾百姓？
3. 如何抵达完美的境界？

我用"1、2、3"表示这三点有先后次序。理由很简单：学生进大学，无论其年龄为十五或二十，皆只能在校园中学习，所以"亲民"与"止于至善"只能就其理论来谈，让学生了解他将来做官之后的目标是什么。"明明德"则不然，这是人在任何处境都可以开始练习的，并且是终身都要一直努力的功课。

如果配合《大学》稍后所说的"八条目"（格物，致知，诚意，正心，修身，齐家，治国，平天下），则"明明德"涵盖了前五项，"亲民"包括齐家与治国，"止于至善"则指平天下而言。

由此观之，"明明德"显然是关键所在。

我将"明明德"译为"彰显高明的德行"，表示第一个"明"字是指"彰显"，这一点专家皆有共识，问题在于"明德"一词如何理解？《大学》原为《礼记》的一篇，《礼记》成书在秦汉之际，所以其中用语可以回溯到《尚书》。在《尚书》中，"明德"有二义，一是以"明"为动词，指君王"彰显"其德行，但是在"明明德"三字合用时，此义显然不通；二是以"明德"为术语，指君王之"高明伟大的德行"。譬如，周王分封诸侯时，提醒他要"用明德"（《尚书·梓材》）；君王祭祀上天时，应切记"黍稷非馨，明德惟馨"（《尚书·君陈》）。如此，"明德"是指君王之高明的、杰出的、伟大的德行，其具体表现是"善待百姓"的德治教化。

有些学者以"明德"为"光明的德行"，甚至认为那是人类天生本有的某种"灵明"。这种说法不太合理。试问：德行有所谓光明或不光明吗？德行只有高低之分，杰出与平庸之别，伟大与平凡之异。并且，如果人人生来皆有此一灵明，那么为何它会失去光彩以致还需要再去"彰显"？

回到本文的理解方式。大学之道，首先就是要教导学生"如何彰显"高明的德行。这种高明的德行的具体成效，就是善待百姓，亦即"亲民"。官员亲近照顾百姓，上行下效，百姓风动草偃，也会跟着行善而自新。所以"亲民"包括了"新民"，而单讲"新民"则未必要求"亲民"。然后，最高目标是"止于至善"而天下平。

孔子回答子路时，曾提及君子修养的三个层次："修己以敬""修己以安人""修己以安百姓"（《论语·宪问》）。这三点正好对应《大学》的三纲领。孔子最后说："修己以安百姓，尧舜其犹病诸！"这表示"止于至善"是连尧舜都觉得难以做到的事。焦点扣紧"修己以敬"，其意为：修养自己，从而能认真谨慎地面对一切。一个人若要彰显高明的德行，也须由"敬"字着手。我们由此可以留意作为《大学》核心的几个修养步骤。

"诚意、正心"才是修养关键

七百多年来，学者探讨《大学》义理，往往聚焦于"格物致知"。朱熹还特地参考北宋程颐的观点，撰写了《格物致知补传》，加入《古本大学》中。这些都是徒劳之举。"格物致知"既然列为八条目的前二条，表示那是学生进行修养功夫的基本功课，意思简单明白。格物是："分辨"与自己有关的人与事，要学会待人接物、办理业务的方法，小自送往迎来的规矩、批示公文的规格，大至《周礼》《仪礼》中的各项规定，皆在此列。致知是：设法知道上述所格之物的对错、是非、善恶。简而言之，致知是知道"善恶的规范"。要做到"格物致知"，应是一两年的事。

修养的重点是诚意与正心。凡是谈修养，无不涉及两端：一是知，一是行。以《大学》来说，"知"的部分在"格物、致知"，"行"的部分在"修身"，再由此扩充到"齐家"等。因而在知与行之间的联系是"诚意、正心"。这两者都是一个人内心的作为。首先，"诚意"是说：任何意念出现时，都要按自己所知的善恶来加以核实。这种核实是直接而明确的，《大学》以"如恶恶臭，如好好色"来描写，因为人的感觉作用（讨厌难闻的味道，喜欢美丽的色彩）是直接而明确的，不容许任何犹豫。

怎么做到"诚意"呢？步骤有三：毋自欺、自谦（慊）、慎独。所谓毋自欺，即是不要违背自己早已知道的善恶，替自己找借口。若非先知道善恶，则没有自欺与否的问题。人为何自欺？通常是为了趋利避害，以此取代行善避恶的要求。做到毋自欺，就会产生自慊（对自己满意）的感受，肯定自己的意念符合所知的善。毋自欺并不容易，其功夫在于慎独，就是一个人独处时也十分谨慎，要像曾子所说的"十目所视，十手所指"。身边有五个人盯着你、指着你，所以你不可妄图侥幸，只能老老实实把自己的意念对照善恶的规范加以检视。若没有慎独功夫，就难免像一般的小人，只能由外在的规范来约束，活在世间无异于孔子所说的"幸而免"（侥幸得免）（《论语·雍也》）。

其次，"正心"是指端正自己的心思。心思是在意念发动之后所出现的某种完整的想法。这种想法的端正与否最容易受到情绪的干扰。《大学》在此列举了四种情绪：忿懥、恐惧、好乐、忧患。

当一个人处于愤怒、恐惧、喜爱、忧患的情绪中，心思难免受到影响，会做出偏差或错误的判断。这种判断将直接左右一个人的言行表现，所以在"正心"之后接着才可谈及"修身"。

"诚意"是"诚于中，形于外"，而在形于外之前，还须正其心，然后才可修养言行。在此，"正心"一语明白告诉我们：儒家对于人的"心"始终不敢大意。孔门弟子只有颜回可以做到"其心三月不违仁"（《论语·雍也》），孔子本人则到了七十岁，才可做到"从心所欲不逾矩"（《论语·为政》）。孟子引述孔子所云："操则存，舍则亡，出入无时，莫知其乡（向）。惟心之谓与！"（《孟子·告子上》）他也主张人要"存心、养心、尽心"。这样的"心"丝毫没有什么"本善"的意味，最多只可说是"向善"。

有关"格物、致知、诚意、正心"的讨论，自宋朝以来，学者争议不休，而其实并不复杂。"格物"是我们这种有理性的人类天生具有的本能，即要分辨与自己有关的人与事；"致知"是要明确了解各种善恶规范；"诚意"是在意念初起时就以善恶来核实之；"正心"则是端正心思，使其勿受情绪干扰，然后才可走上"修身"的光明大道。

22

《中庸》：
人能弘道，非道弘人

《中庸》意指"用中"，以智仁勇为方法，实践五伦的要求。此为人之道，亦即择善固执。契机在于"诚"，只要真诚，内心就会出现力量，使人主动行善；善行必定对社会造成正面影响，推而至于参赞天地之化育。古典儒家至此完成圆满的体系。

儒家是一种人文主义。它肯定每个人都应该作为"目的"而受到尊重，不能仅仅被当作"手段"来利用。孔子宣扬"己所不欲，勿施于人"以及"己立立人，己达达人"的观点，皆是出于此一立场。它也强调每个人都是价值的主体，生而具有行善的能力与责任，正如孔子说的"我欲仁，斯仁至矣"以及"人能弘道，非道弘人"。

因此，儒家的"道"是人之道，亦即人生的应行之路。《中庸·第二十章》对此有清楚的说明："诚之者，人之道"；"诚之者，择善而固执之者也"。我们学习《中庸》，不可错过两个重点：一是了解人之道在于择善固执；二是明白真诚对人生的重大意义。以下依次说明之。

人生正路即是择善固执

首先，既然是谈《中庸》一书，就要知道"中庸"一词的所指。《论语》与《中庸》都出现过"中庸"一词，都视之为最高的德行表现，并且认为百姓长期以来都达不到此一要求。《中庸·第六章》以舜为例，说他具有"大知"，经常向人请教并考察浅近的言论，隐恶而扬善，"执其两端，用其中于民"。意即：他把握事情的正反两端，再将合宜的做法（中），加在（用）百姓身上。因此，中庸即是"用中"。称之为"中庸"，是要强调"中之为用"。"中"为适中，为合宜，为善；"庸"与"用"通，又有"常"义。这表示：舜有智慧，总能选择适中的作为（善）加在百姓身上，亦即引领百姓走上人生正途。这种表现长期坚持，才可形成教化的成果。换言之，"中庸"即是择善固执。

以舜为榜样，我们的人生正路即是"择善固执"。为了走好这条路，《中庸·第二十章》提及"三达德"（三个使人走得通的方法），亦即"智、仁、勇"。两相对照，可知：

1. 仁与善为同一类，仁是一个人在真诚时，由内而发的行善动机与动力，善是具体的人与人之间的适当行为，这一点稍后会再说明。
2. 智与择不可分，若所知有限或所知有误，则不可能做出正确的选择。
3. 勇与固执相表里，《中庸·第十章》谈到的强者表现有"和而不流，中立而不倚，国有道不变塞，国无道至死不变"。这种固执不是顽固拘泥，而是坚持原则。

若是谈到具体的善，则《中庸·第二十章》以"五达道"明之，亦即五种基本的人际关系："君臣也，父子也，夫妇也，昆弟也，朋友之交也。"我们一贯地认为儒家的"善"是指"人与人之间适当关系之实现"，其理由亦在于此。事实上，孟子早就说过，舜使契为司徒，教导百姓"父子有亲，君臣有义，夫妇有别，长幼有序，朋友有信"（《孟子·滕文公上》）。接受此一人伦教育，百姓才有可能行善。

因此，《中庸》所说的即是"人之道"，即是"择善固执"。要走上人之道，必须明白"五达道"，并且使用"三达德"。这是放诸四海而皆准的人生正途。但是，世间为何仍有人错过了人之道？这就涉及"诚之者，人之道"一语。

让自己真诚

《中庸·第二十章》说："诚者，天之道也；诚之者，人之道也。""诚"是"实"，"天"在此是指自然界（天地万物，以及人的形体）。自然界的运作模式是"实然"，即实实在在的样子，完全依固定规律运行，没有自由选择的空间，因而也没有应不应该的问题。如天体运行，寒来暑往，四季递嬗，以及所有生物的生老病死，食物链与生态平衡等。人的形体亦须随顺这种规律，饥则食、渴则饮、累则眠。此所以西哲黑格尔（Hegel，1770—1831）会说："自然的即是必然的。"

人类之中只有圣人可以做到"诚者，不勉而中，不思而得，从容中道"。这是因为圣人的"实然"与"应然"已经协调到完美的程度，犹如孔子的"七十而从心所欲不逾矩"，"从心所欲"代表"实然"（顺其内心所欲去行动），"不逾矩"代表应然，完全合乎人类社会的规范。但这种圣人并不是"天生的"，而是像孔子一样从凡人修行而来的。

一般人要努力以赴的是"诚之者"，亦即：让自己真诚。宇宙万物之中，只有人类"可能"不真诚。因为人可以思考、选择与负责，所以有"应不应该"的问题，这即是所谓"应然"（应该的样子）。譬如，人应该"孝顺、敬长、忠于职务、守信"（孟子所谓的"孝悌忠信"）。但是，说"应该"，就表示在事实上很多人未必做得到。其原因即在于"未能让自己真诚"。

为了说明"真诚"，《中庸·第十六章》指出：真诚是一个人内心最深的自觉，不会显示在外，但不能因为由外表无法判断一个人是否真诚，就以为神不知鬼不觉。鬼神所产生的功效真是盛大啊！要看它却看不见，要听它却听不着，但是它又体现在万物之中，没有任何东西可以遗漏它。"使天下之人齐明盛服以承祭祀，洋洋乎如在其上，如在其左右。"人在祭祀时，相信鬼神无所不在，也相信鬼神必然知道我们内心是不是真诚，有没有自欺。

本章的结论还引述《诗经·大雅·抑》中的"神之格思，不可度思，矧可射思！"意即：神的来临，不可测度，我们又怎能厌倦不敬呢！接着再说："夫微之显，诚之不可掩，如此夫！"意即：隐微的会显扬开来，真诚的意念不可掩蔽，情况也是同样的啊！（释译请参考《傅佩荣译解大学中庸》，东方出版社）

因此，人生正途即在于"诚之者"（让自己真诚）。这种真诚与明善相含互摄，否则不能宣称"诚之者，择善而固执之者也"。《中庸·第二十三章》说："自诚明，谓之性；自明诚，谓之教。诚则明矣，明则诚矣。"这短短二十个字总结了儒家有关人性的基本观点，其意为：由真诚而能明善，可称为本性的作用；由明善而能真诚，可称为教化的作用。真诚到一定的程度就会明善，明善到一定的程度就会真诚。

真诚与明善相互作用，彼此激荡而往上提升。人的向善本性因为真诚而充满动力，又因为明善而得以落实。人在接受教化时，因为明善而引发内心的真诚，得到源头活水，可以长期坚持下去。依此而行，择善固执可以水到渠成。

回到《中庸》的开宗明义：人性向善

《中庸》代表先秦儒家的结晶之作，它开宗明义的三句话极其扼要，就是："天命之谓性，率性之谓道，修道之谓教。"由字面来看，意思是：天所赋予的就称为本性，顺着本性去走的就称为正路，修养自己走在正路上的就称为教化。

若想明白这三句话，最好逆向来思考。首先，"修道之谓教"

一语表示：人需要教化，也就是修养自己走在正路上。正路何由
而来？"率性之谓道"一语表示：正路在内不在外，由内不由外，
只要顺着本性去走即可走上正路。但是世间为何有许多人行恶？
为何每个人皆有可能行恶？是什么因素使人们"不愿"或"难以"
顺着本性去走？这个本性究竟是怎么回事？它来自何处？答案是来
自天命。"天命"是指天所安排的一切，我们对于万物的状态只能
了解与接受，并且归之于天命。人的本性亦复如此，所以说"天
命之谓性"。

　　那么，人的这种天命之性处于什么状态呢？说它是"本善"，
那为什么还需"率性"与"修道"？说它是"本恶"，则"率性"
失去依据而"修道"也强人所难。这种本性因而只能是"向善"的。
唯其向善，所以可说"率性"；唯其向善，所以还需"修道"。不
过，向善仍有前提，就是人要真诚，才可引发此一"向"的力量；
人要明善，才可使"向"具体落实在人与人之间的适当关系上，
亦即所谓的五伦。

　　先秦儒家所讲述的人生道理既高明又中庸，只是七百年来被学
者们偏差的"人性本善"之说耽误了。为了正本清源，我们要忠
于原典文本，并相互期许，努力实践。

23

老子（一）：
天下大乱的处方

天下大乱由人造成，要化解也须由人着手。釜底抽薪的办法是不再以人的观念来评断万物的价值。先肯定人是万物之一，再使万物回溯其来源与归宿，那即是"道"。如此，人的认知可以由区分之争，提升为避难之智，再点化为启明之悟。

　　"道家"是中国文化中唯一能与"儒家"分庭抗礼、并驾齐驱的学派。道家思想有些莫测高深，正如其创始者老子是个谜样人物。一般认为，老子是春秋时代后期的文化官员，大约早于孔子三十年。他们处在同样的乱世，但提出不同的解决方案。

　　先以一则寓言来说明三种观念。楚恭王以乌号之弓打完了猎，在回都城的路上把弓交给属下保管，走着走着弓不见了。遍寻不着之后，楚王说："别找了！楚王失弓，楚人得之。"这是一个国君的标准思维，只要弓还在自己国人手上，就不必太计较。然后，孔子听说此事，就说："何必曰楚？王失弓，人得之。"这是儒家的人文主义，可以跨越国家、种族的限制，显示人人平等的胸怀。最后，老子听说此事，就说："何必曰人？失弓，得之。"这是万物平等的见解，因为一切都来自于道也回归于道。

　　由此可见，老子的思想确实非常特别，也值得深究。那么，在面对天下大乱时他有什么想法呢？表面看来，老子无异于一般的知识分子，他有明显的反战立场，主张"战胜以丧礼处之"（《老子·第三十一章》，以下只写章数）；他批判统治者"食税之多、有为、求生之厚"，以致百姓"饥、难治、轻死"（第七十五章），最严重的情况则是"民不畏死，奈何以死惧之"（第七十四章）。似乎整个社会因为战乱、不义、苦难，而要同归于尽了。老子省思这一切混乱与罪恶的来源，认为应该从根本上化解问题。

　　解铃还须系铃者，世间的烦恼与痛苦，追根究底来自人的偏差欲望，而欲望又源自认知。人若没有理性，不能认知，则无异于动物。仅凭本能讨生活，如此尚可维持生态平衡，但生而为人，即具有万物之灵的认知能力，因此问题焦点在于如何使人的认知能力提升到理想状态。以下就由"认知"的三个层次来说明老子独具一格的解决乱世的方案。

以认知为区分，造成一切灾难

人以自己为主体，在面对万物时，首先会有感觉官能的运作，区分不同的颜色、声音、口味，随之引发心中的各种欲望，以及后续的复杂行动。老子说："五色令人目盲，五音令人耳聋，五味令人口爽，驰骋畋猎令人心发狂，难得之货令人行妨。"（第十二章）

认知如果只是展现"区分"作用，则将影响人的情绪反应与价值判断。老子说："天下皆知美之为美，斯恶已；皆知善之为善，斯不善已。"（第二章）天下原本无所谓美丑与善恶，一旦界定区分了标准，大家比来比去，就会争取可欲之物。请看："不尚贤，使民不争；不贵难得之货，使民不为盗；不见可欲，使民心不乱。"（第三章）老子看出问题症结，设法提出"釜底抽薪"的办法，就是"常使人无知无欲"（第三章）。这话听起来像是在主张"愚民主义"。老子也确实表达了类似观念，他说："古之善为道者，非以明民，将以愚之。"（第六十五章）

老子是愚民主义者吗？他所理解的百姓早已习惯"以认知为区分"，喜欢比较是非好坏，只看一时一地的利害，而没有长远与完整的考虑，形成各种偏差之知，再引发各种偏差之行。人有所知则有所欲，所知若误则所欲亦非，与其如此，不如使民"无知无欲"。这是两害相权取其轻，亦即"以智治国，国之贼；不以智治国，国之福"（第六十五章），而谈不上刻意愚民。换个角度来看，则认知可以往上提升，到达较高层次。

以认知为避难，设法长保平安

　　如果调整认知方式，从较为长远的眼光来看，就会觉察不同的利害结果，然后设法保全自己。这即是"以认知为避难"。熟读历史的人，知道历代兴亡的缘由与前人成败的契机，于是懂得如何在当前的处境中趋吉避凶。

　　人间的福与祸总是相互依存的。老子说："祸兮，福之所倚；福兮，祸之所伏。"（第五十八章）这句话的最佳诠释是"塞翁失马"的故事。塞上老翁走失一匹马，他说："焉知非福？"几天之后，马回来了，还带着一群野马，他却说："焉知非祸？"他儿子骑马摔伤了腿，他居然还说："焉知非福？"后来儿子果然因为腿伤而免于参战。他总比一般人看得更远，懂得物极必反，而不会只沉浸在当下的一时得失，造成情绪上的波动与困扰。

　　乱世中的自处之道是"知其雄，守其雌""知其白，守其辱"（第二十八章）。知道出人头地、声名显赫是怎么回事，但总是守住退让与阴暗的位置，以免遭忌而带来灾祸，这不正是避开灾难吗？在与人相处时，老子主张"报怨以德"（第六十三章），因为在化解怨恨时，一定会有余留的不满，这样怎能算是妥善的办法？（第七十九章）所以，只有"以德报怨"才可根本消除后遗症，保障未来的平安。顺着此一思路，老子还劝人守柔不争。老子难道在主张人生应该消极无为吗？并非如此，这其中还有更深刻的见解，就是：以认知为启明。

以认知为启明，领悟整体智慧

　　老子笔下的"明"字不是一般所谓的聪明，而是指超越个人局限，了解自身性格，看出细节差异，以及领悟恒常规律。他说："自见者，不明。"（第二十四章）只看到自己这个角度的真相，不会得到启明；反之则是"不自见，故明"（第二十二章）。不局限于所见，才可能觉知更大的真相。他又说："知人者智，自知者明。"（第三十三章）有了自知之明，选择出处进退时就会从容不迫。这真是谈何容易？然后，要注意细节，正如今天所说的"魔鬼藏在细节里"。老子说："见小曰明。"（第五十二章）《易经·系辞传》也说："知几，其神乎！"能够见微知著，才算神妙的智慧。

最后也是最难的是"知常曰明"（第十六章，第五十五章），要了解万物的恒常规律，亦即一切都会回到它原本的状态（复命曰常）。因此，所谓启明，就是看出万物皆来自同一根源，又回归这个根源。这个根源即是老子所谓的"道"。从"道"的眼光来看待万物，就会发现：万物在道之中，道也在万物之中。一切形成一个整体。在整体里面，每一物皆得以保存与发展，也将会结束与毁灭，其中没有个人情绪运作的空间，所以老子说话永远都是那么淡定，"夫物芸芸，各复归其根"（第十六章）。

以平常心对待万物，没有得失成败的问题。那么，对待人呢？老子认为：道是"善人之宝，不善人之所保"（第六十二章），亦即道是善人的宝贝，一旦悟道，珍惜无比；同时也是不善人的依靠，就像犯错的孩子始终可以投向母亲的怀抱而得到宽宥。说到底，所谓善人与不善人，往往只是某一社会在特定时空中的判断，一旦脱离这个时空，也就无从计较了。

回到本文开头所说，儒家与道家面对天下大乱的困境，提出各自的处方。儒家设法说明人在真诚时，将展示内在力量，要求自己行善，而善须落实于人际关系上，如此则天下仍有可能经由政治与教育而恢复安定。道家则认为，一切人为的努力都有顾此失彼的难题，与其架漏牵补，不如转移焦点，化解"人类中心主义"的执着，改由"道"的观点来看待一切。而道的观点所指的是：

1. 以万物为一个整体；
2. 万物各自有其不可替代的价值。
3. 肯定这两点，就不会再以人的价值为标准来衡量万物，不会再以社会的价值为标准来评估个人，然后人类与万物可以共融于道的无涯领域中。

西方学者研究老子，有一种说法深具创意，就是：老子思想在中国古代显示了革命性，因为他用"道"取代了"天"，并且肯定"道"是超越于万物之上，又内在于万物之中。至于这样的道如何运作于人间，则须由那体现了"道"的启明者来示范。

24

老子（二）：
成为你自己的圣人

圣人是悟道的统治者。道是万物的来源
与归宿，圣人悟道，所以"无心而为"，
从不刻意做任何事，结果反而"无不
为"，一切顺利发展、平衡和谐。我们
学习老子，是要成为自己人生的管理者，
以智慧减去不必要的困扰与累赘。顺其
自然而长生久视。

人有认知能力，认知可以展示区分与避难的作用，也可以提升到启明层次，领悟"道"的真谛。老子笔下的启明者成为"圣人"，这位圣人还有一个特殊身份，即统治者。因此，在《老子》书中，"圣人"是指悟道的统治者。简单说来，圣人即是道的化身。

一般谈到圣人，总认为那是儒家对完美人格的描述，是凡人成为君子之后的至高向往目标。出乎意料的是，古代经典中，使用"圣人"一词比例最高的却是道家的《老子》一书。《老子》全书八十一章，有二十四章出现"圣人"一词，还有十二章出现"圣人"的同义词，如"我、吾、有道者、善为道者"等。"圣"字在《尚书·洪范》的原始含义是"思曰睿"（必通于微）与"睿作圣"（于事无不通），亦即一个人善于深思，因而睿智到极点，以至无所不通晓。《老子》的"圣人"作为悟道的"启明者"，正合古义。以下依次说明圣人的角色、修炼方法以及具体作为。

圣人是怎样的统治者？

道家不是主张无为与顺其自然吗？既然如此，为何会出现圣人这个统治者？在老子看来，人的社会，即使是小国寡民（第八十章），也同样会有"统治者"这样的角色，亦即老子所谓的"侯王、万乘之主、王公"等，但由于这些世俗的君王未能悟道，甚至背道而驰，以致百姓苦不堪言，造成天下大乱。既然天下不可能没有统治者，老子就虚拟了一个"悟道的统治者"，以他为道的化身，给世间所有君王作为示范。从这个角度看来，老子是个理想主义者，不但没有避世隐居，反而积极建构一个理想的社会。

圣人作为统治者，最明显的证据是：圣人总是与"百姓"或"民"对照使用。能够面对百姓或民，并使其治理与教化产生重大效果的人，当然非统治者莫属。譬如，"天地不仁，以万物为刍狗；圣人不仁，以百姓为刍狗"（第五章）。意即：天地没有任何偏爱，把万物当成刍狗，让它们自行荣枯；圣人没有任何偏爱，把百姓当成刍狗，让他们自行兴衰。所谓"刍狗"，是以草扎成的狗，为古人祭祀时的用品——当用之时，备受重视；已用之后，随即丢弃。这表示在依循自然规律时，完全超然，不必存有个人好恶。

圣人是悟道者，具有完整而深远的智慧，所以在治理百姓时能有这样的表现，就像天地对待万物一般。所有的一切，其实都在"道"的安排之下，"道"才是唯一的统治者。从"道"的角度看来，天地也是万物之一，而圣人也是百姓（人类）之一。差别在于：天地与万物已经处在"规定好的"位置，但圣人却不是天生的，而是需要经由某种修炼，再悟道而启明的。

在此出现新的问题：是否人人皆可修炼成为圣人？如果答案是肯定的，那么当圣人不止一位而国家只能容许一位统治者时，又该如何选择？因此，学习老子必须明白：圣人对个人而言，首先必须是"个人生命中的统治者"，这一点另文再做探讨。现在要接着说明圣人的修炼方法，以及他的具体作为。

圣人是怎样修炼的？

圣人修炼的第一步是"夫唯病病，是以不病"（第七十一章），只要把缺点当作缺点，如此时时警惕，就不会有缺点了。凡人最常见的缺点是什么？是无法做到"见素抱朴，少私寡欲"（第十九章），亦即表现单纯、保持朴实，减少私心、降低欲望。老子认为圣人要做到："去甚、去奢、去泰。"（第二十九章）亦即去除极端，去除奢侈，去除过度。这"三去"显然是减法，要消除一切外加的东西。圣人是"为道者"而不是治学的人，老子清楚地表示："为学日益，为道日损，损之又损，以至于无为。无为而无不为。"（第四十八章）减损到最高点，即是"无为"，但为何又说"无为而无不为"呢？

原来"无为"有二义，一是无所作为，二是无心而为。后者才是正解。如果真的无所作为，双手一摊，什么都不管，变成懒惰主义者，最后怎么可能会有"无不为"的结果？至于无心而为，则全然不同。"心"是指刻意的目的，一个人做自己分内的事，该工作就工作，该休息就休息，没有任何刻意的目的，最后一切事情各就其位、顺势而行，不是和谐圆满吗？不是"无不为"吗？

老子谈到修炼方法，最具体的是"致虚极，守静笃"（第十六章），亦即：追求虚，要达到极点；守住静，要完全确实。关键即是"虚、静"二字。老子说："圣人之治，虚其心，实其腹；弱其志，强其骨。"（第三章）意即：简化其心思，填饱其肚子；削弱其意志，强化其筋骨。让人身强体壮，但心思单纯、意志模糊。"虚"即单纯，有如小孩一片天真，没有任何成见，然后可以容纳一切。虚之后，能空能明，才有可能领悟道的真谛。

再看"静"字。动是有所求而行，自然比不上静之自安。静胜热（第四十五章），静为躁君（第二十六章），牝常以静胜牡（第六十一章），归根曰静（第十六章），清静为天下正（第四十五章），圣人好静则民自正（第五十七章）。静之后，能安也能观，由此可以看出道的运作方式。经过修炼虚与静，圣人才可以进而"抱一为天下式"（第二十二章），这个"一"即道，圣人持守之，以作为天下的准则。在具体表现时，则有"三宝"之说。

圣人有三宝

老子笔下的"我"是"圣人"的代名词。他说："我有三宝，持而保之。一曰慈，二曰俭，三曰不敢为天下先。"（第六十七章）

"慈"是指母亲的爱。老子主张"道生万物"（第四十二章），所以道是万物的母亲。圣人是道的化身，以慈母之心对待万物，尤其是对待自己的百姓。这种慈爱产生无比的勇气，所以圣人"常善救人，故无弃人；常善救物，故无弃物"（第二十七章），疼爱人类与既存的一切。

"俭"是珍惜的心态。任何一物之存在，皆获得道的肯定与支持，因此我们没有理由低估其价值，轻忽或浪费之。在今日，"垃圾变黄金"的例子所在多有，其实天下无所谓垃圾，只有在人类中心主义的功利角度看来，才有垃圾与黄金之别。老子说"俭故能广"，意即只要节俭，则可推广物质使天下都够用。今日听来，特别有道理，因为世间的问题不在资源不足，而在分配不均。若能做到"俭"字，世间将更为和谐。

"不敢为天下先"代表谦虚自抑的态度。在任何场合都需觉知：没有人是不可或缺的。所谓"大江东去，浪淘尽千古风流人物"，不论如何意气风发、领袖群伦，若是少了老子所说的这份自觉，就根本无从品味人生的可贵。同时，这种"不敢为天下先"也提示我们：一旦担任长官，要记得"以服务代替领导"。谦虚加上服务，才是让人心悦诚服的保障。如果忽略这三宝，却想在人间求取"勇敢、推扩、领先"，则终将是个"死"字。亦即注定失败与灭亡。

因此，圣人没有任何执着，总是表现"生而不有，为而不恃，长而不宰"（第十章，第五十一章），而这些正是道所展现的"玄德"（神奇的德）。

最简单的类比是：父母对于子女，能否做到"生养子女而不据为己有，作育子女而不仗恃己力，引导子女而不加以控制"？同理，老师对于学生，长官对于部属，是否能做到呢？推而至于我们目前拥有的一切又该如何？循着此一思路，不难领悟我们应该选择何种生活态度。

圣人是悟道的统治者，我们今天不必期许在政治上有这样的圣人，而应该努力使自己成为管理生活的圣人。自知者明，自胜者强，自足者富，人生尚有何求？

25

老子（三）：
道法自然，使人因悟道而无所执着

"自然"是指万物自己本来的样子。任何东西，只要保持自然，即可彰显"道"的光彩。因此，道遍在万物之中，使万物短暂的存在得到永恒的印记。对于万物，道是既内在又超越的，这便是道家的宗教向度，使人由于悟道而无所执着。

老子有一句话广为流传，就是"道法自然"（第二十五章）。简单四个字，让人觉得既崇高又轻松。"道"是崇高的，"自然"则不给人压力。但中间那个"法"字是什么意思，就不易说清楚了。事实上，同样值得分辨的是"自然"一词。

《老子》书中，"自然"出现五次，但没有一次是指我们所习知的"自然界"。老子若要描写自然界，他会使用"天地"与"万物"二词。那么，"道法自然"显然另有所指，老子究竟想表达什么？他所谓的"道"似乎也很深奥，让许多学者百思不得其解。以下我们依序探讨这几个有趣的概念。

"自然"是指"自己本来的样子"

"自"是自己或自身，"然"是如此或样子。"自然"组成一词，是指某物自己本来的样子。譬如，圣人是悟道的统治者，由他负责管理百姓与万物。他管理百姓时，很少发号施令，等到大功告成，万事顺利，"百姓皆谓我自然"（第十七章）。亦即百姓都认为：我们是自己如此的。圣人自己则是"希言，自然"（第二十三章），意即：少说话，才合乎自己如此的状态。

圣人管理万物时，没有个人欲望，更不会任意作为，其目标是"以辅万物之自然而不敢为"（第六十四章）。他是要以此助成万物"自己如此的状态"而不敢有所作为。如果从万物的角度来看，则可以说"万物莫不尊道而贵德"，这是因为"道是万物的来源，德是万物得之于道者"，所以这是没有任何命令而向来自己如此的，亦即"道之尊，德之贵，夫莫之命而常自然"（第五十一章）。

基于上述理解，再来探讨"道法自然"，就比较单纯了。"道法自然"的前面还有三句话，合而观之，原文为："人法地，地法天，天法道，道法自然。"（第二十五章）"法"字是"取法、依循"之意。"人法地"是说：人的生存要依循地理条件，所谓靠山吃山，靠水吃水。"地法天"是说：是草原或是沙漠，完全取决于天时（季节、气候、寒暑）的安排。"天法道"是说：天（天时的递嬗，天体的运行）之所以如此，则取决于道。道不仅是"先天地生"（第二十五章），也是"天地根"（第六章），所以上述说法可以成立。

然后，"道法自然"的意思就明朗了。这儿的"自然"不是指自然界（如天地万物），不然就成了循环论证，道再"回头"去法天地，变成了不知所云，因此，"道法自然"是说：道所取法的，是自己如此的状态。结论是：天地万物（包括人在内），只要保持其自己本来的样子，那么在里面就有"道"存在。我们接着再阐述"道"的意思。

"道"是什么？

老子认为，"道"是万物的来源（第四十二章），也无异于万物的母亲（第二十五章）。这个"道"具有双重性质，它是超越的（独立而不改），又是内存的（周行而不殆）。就其超越面来说，它是"自因而恒存的"；就其内存面来说，它是"遍在万物之中的"。说"道法自然"，可以彰显道的内存性，亦即后来庄子说的"道，无所不在"。

老子怎么描写这种"无所不在"的情况呢？他说："大道泛兮，

其可左右。"（第三十四章）意即：大道像泛滥的河水啊，周流在左右。这就是无所不在之意。

不过，真要欣赏老子的智慧，不能忽略道的超越性。且以西方二十世纪最重要的哲学家海德格尔（Heidegger，1889—1976）为例说明。海德格尔阅读了多种外文所译的《老子》版本之后，自觉深有体会，总想自己亲手将它译为德文。他在森木市场巧遇中国学者萧师毅先生，相谈甚欢，就相约合作进行此一译事。于是，他们每周六下午在海德格尔书房一起译书，到了第八章（上善若水）时，二人意见相左，起了争执。海德格尔说："你不懂老子。"萧师毅说："你不懂中文。"然后不欢而散，译书终止。海德格尔确实喜爱《老子》，他曾请萧师毅为他写一中文条轴，内容是《老子·第十五章》的"孰能浊以静之徐清？孰能安以动之徐生？"意即：谁能在浑浊中安静下来，使它渐渐澄清？谁能在安定中活动起来，使它出现生机？这段话兼顾动静，提醒我们：老子不是只有守柔不争的一面。

海德格尔为何如此崇拜老子？他自己是西方哲学传统所教育出的佼佼者，但也正因为如此，他深知西方哲学早已误入歧途并陷于困境，简单说来，西方哲学在探寻万物的来源与归宿时，忽略了"存有学的差异"，就是把作为基础的"存有本身"，与具体存在的"存有之物"混淆了。以道家的术语来说，即是"以物为道"。你可以在万物中寻觅道，因为道无所不在；但你终究不能以为"道是万物，万物是道"。也即是：人不可能在万物中找到道。道与万物之间有全然的差异：即使万物皆消灭了，道依然不受任何影响。"独立而不改"不正是这个意思吗？

海德格尔提醒西方人"不可遗忘存有"，就是担心人们沉迷于有形可见而变化无已的万物之中，而忘记了那作为根源与归宿的道。在《老子》一书中，开宗明义的理是"道可道，非常道"（第一章）。可以用言语表述的道，就不是永恒的道，这句话就足以使西方第一流的哲学家大为惊艳，因为真正的"存有本身"确实是超乎言说与理解的。如果勉强做个比较，可以说：老子的"道"是万物的来源与归宿，因而也是人类思想所能抵达的最高层次，是所有宗教所崇奉的至高神明的另一名称。因此，在《老子》一书中闪现某些具有宗教向度的语句，也就不足为奇了。以下稍做引申说明。

老子的宗教向度

我们先为"宗教"下个定义：宗教是信仰之体现；信仰是"人与超越界之间的关系"。这种关系使人往上提升，不执着于物质世界，从而显示精神力量。老子笔下的"圣人"是"既以为人己愈有，既以与人己愈多"（第八十一章），意即：尽量帮助别人，自己反而更充足；尽量给予别人，自己反而更丰富。此处所指若非精神上的能量，又岂能如此？

《老子》书中有一章展现了最明确的宗教精神——"古之所以贵此道者何？不曰：求以得，有罪以免邪？故为天下贵。"（第六十二章）意即：古代重视"道"的原因是什么呢？不正是说：有求的即能获得，有罪的可以免除吗？所以为天下人所重视。

试问各大宗教的信徒，何以信仰宗教？答案正是老子这里所说的七字箴言："求以得，有罪以免。"人生在世，谁无所求？又有谁是无罪的？

谈到"有所求"，就须思考：所求的是流转生灭的万物，还是那真能安顿人心的道？人若悟道，觉知一切都在道之中，得失成败有如海上波涛，起起落落而丝毫不影响海的总量。所求若是道，则道无所不在，有所求即是无所求；保持平常心，即可与道相契。

再看"有罪无罪"的问题。谁不曾辜负别人？谁又不曾被人辜负？谁不曾枉屈别人？谁又不曾受人枉屈？世间任何苦难，都与我们有直接间接、或近或远的关联，因此正如黑格尔所说："一切生物之中，只有人不是无辜的。"人有自由，随之就有责任，这是与生俱有的压力，没有人可以幸免。那么，如何卸下心灵的重担，答案不是很清楚吗？只要悟道，即可回到母亲的怀抱，化解不必要的焦虑与愁苦。如何让一滴水不干涸？回归大海。

上述宗教向度所引发的，不是淑世的热忱，也不是遁世的淡漠，而是平静的观照与欣赏的眼光，懂得要珍惜此时此地在我们身边的每一人、每一物、每一事。人到中年，学习老子，很容易化解情绪上的困扰而保持轻松的心情。由此看来，"道法自然"一语受到人们的欢迎与传诵，也是十分美好的事。

26

老子（四）：
上善若水，柔弱胜刚强

道无形象，不可捉摸；勉强比喻，则近乎水。水对万物有利，但避高趋下，辞尊居卑，与万物无争。水有七善，譬如：流动可以预测，有如守信；停止必定平稳，有如公平。观水可得启发，领悟柔弱胜刚强，有恒事竟成。

　　哲学家善于使用比喻，目的是要描述那不可见、不可闻、不可言传的真实本体。老子的"道"就是典型的真实本体，可以称之为"究竟真实"，以区别于我们在现象界所见的相对真实之物。

　　简而言之，"道"作为根源，既不是万物也不是人类，但是对万物与人类都是不可或缺的。那么，用什么比喻来描写"道"呢？老子说："上善若水，水善利万物而不争，处众人之所恶，故几于道。"（第八章）意即：最高的善就像水一样，水善于帮助万物而不与万物相争，停留在众人所厌恶的地方，所以很接近道。

　　水之所以接近"道"的表现，是因为它对"万物"都有利。若是没有水分与湿气，万物如何生存与发展？并且，它对"众人"而言，流往低卑之处，不与人争，又从不排拒污浊。能够如此照顾万物与人类的，不是很像"道"的作为吗？这个比喻充分彰显了老子的智慧，我们依此再引申说明：人如何向水学习，以及老子思想所闪现的吉光片羽如何启发了人们？

向水学习"七善"

　　在前面引述的一段话之后，老子接着说："居善地，心善渊，与善仁，言善信，正善治，事善能，动善时。夫唯不争，故无尤。"（第八章）以上所说即是"水之七善"。这七善都是对人而言的，也都是人可以学习的。

　　首先，"居善地"，人在选择居所时，要考虑安稳平静，就像水一样，总会流到可以停止与聚集的地方。水不论处在任何环境，如碗中、杯中、井中、池中、湖中、海中，或任何低洼之处，都是同样的自在。我们能够如此看待自己的处境，就会心平气和。

其次，"心善渊"，水汇聚为渊，深沉难测，我们的心思也要含蓄些，对任何问题设想得更长远、更周到。再看，"与善仁"，只要与人交往，都须珍惜缘分，彼此尊重友爱，推广善良风气，就像水之利益众生。"言善信"，说话善于守信，就像水的流动趋势可以预测而不让人意外。"正善治"，水是平的，又可以洗涤，代表了人若为政，必须求其公平与激浊扬清。为政如此，与人相处又何尝不然？"事善能"，处事善于生效，有如水之活泼流动，遇山则绕，遇坑则积，随地形而调整模式。"动善时"，行动善于待时，依春夏秋冬四季的变化而涨落，冷则结冰，热则融化，再加温则成气，看似无定形而最能配合时宜，充分显示处世的智慧。

最后，水是不争的，避高趋下，顺势而行，所以不会招来任何责怪，"夫唯不争，故无尤"。所谓"不争"，看似消极退让，其实未必如此。老子思想的特色是以智慧觉悟自己的处境，认清自己在整体（如整个社会或特定群体）中的角色，以及在长期发展中的路线，然后"无心而为"，不必刻意非做成什么事不可。我们在人生的不同阶段都可以受益于他的启发。

柔弱胜刚强

老子对于"水"，可谓欣赏之至。他说："天下莫柔弱于水，而攻坚强者莫之能胜，以其无以易之。"（第七十八章）一旦山洪暴发，再坚固的城堡与再强大的军队也会不堪一击。但山洪暴发是突然的状况，我们从平常的事件能否归结出"柔弱胜刚强"呢？

譬如，滴水穿石，当然不是可以立即验证的，而是需要漫长的时间历程。因此，学习老子要有耐心，平平淡淡不必着急，所应观察的是趋势，所应留意的是细节。他说：事物脆弱时容易化解，情况安定时容易把握，情况尚无迹象时容易图谋，事物微细时容易消散，要在祸乱尚未出现时就控制住。接着，他说了几句大家熟悉的名言："合抱之木，生于毫末；九层之台，起于累土；千里之行，始于足下。"这几句话提醒我们：与其空自幻想或等待，不如脚踏实地，打好基础，一步一脚印，向前慢慢走。

创业艰难，守成不易，最难的是坚持到底。老子说："民之从事，常于几成而败之。慎终如始，则无败事。"意即：面对事情结束时，能像开始时那么谨慎，就不会招致失败了。换言之，要一直保持像水一样的柔软心态，不受得意与失意的情绪所干扰。在阿尔卑斯山的旅游步道边，写着一句标语："慢慢走，欣赏啊！"早些或晚些登上山顶并不重要，若是错过沿途风景，岂非虚掷光阴？

因此，要验证"柔弱胜刚强"，还需高度的修养功夫。一切都在"道"的安排之中，道的安排又是什么？老子说："反者道之动，弱者道之用。"（第四十章）意即：道的活动，表现在返回上；道的效用，表现在柔弱上。所谓返回，是说万物都在回归其根源，从哪儿出来就回到哪儿去。人实在不必做太多无谓的挣扎，只有顺着自己本来的样子（自然），才可能活得自在。所谓柔弱，是说维持最低的消耗，不必刻意非成就什么不可。人最好保持弹性，不然如何随遇而安？

老子认为，悟道者的表现是不受外界力量影响的，他说："不可得而亲，不可得而疏；不可得而利，不可得而害；不可得而贵，不可得而贱。"（第五十六章）在道的整体中，还有什么"亲疏、利害、贵贱"可以计较的呢？这种修养看似卓越，其入手处却在日常生活中。

有益的座右铭

　　我念高中时，有一天国文老师在黑板上写下一句"强行者有志"（第三十三章），然后说这是老子的名言。当时我只知老子是道家的伟大人物，自然将这句话谨记于心。年轻人听到"有志"，不免精神为之一振。我把这句话理解为"勉励自己往前走，就是有志的表现"，从此依此而行，当成我的座右铭。我住学校宿舍，同学们都睡了，我勉励自己多念十分钟；寒暑假开始时，同学们都放下了书本，我再多念一个星期。如果没有数十年的这种"勉励"，我不可能在学习过程中顺利进展。

　　在做人处事上，我平安度过血气方刚的阶段，也是得自老子的告诫："勇于敢则杀，勇于不敢则活。"（第七十三章）意即：勇于敢作敢为，就会丧命；勇于不敢作为，就会活命。这不是教我们胆小懦弱或逃避责任。别人问我：你敢冒险吗？你敢作弊吗？你敢成帮结派吗？你敢昧着良心做事吗？我的回答都是"不敢"，所以平安活到现在。

　　人生在世，首先要避开危险。老子的话有如现成的座右铭。他说："轻诺必寡信，多易必多难。"（第六十三章）我与人来往，不敢轻易许下承诺，对任何事情都不敢松懈大意。他说："甚爱必大费，多藏必厚亡。"（第四十四章）我不敢过度执着也不会珍藏宝物。他说："金玉满堂，莫之能守；富贵而骄，自遗其咎。"（第九章）我没有金玉可守，也不存骄人之念，所以自觉坦然。

　　可贵的是"知足"，他说："知足不辱。"（第四十四章）进而又说："知足者富。"（第三十三章）这正是西方智者所谓的"致富的最佳途径，即是降低欲望"。老子还说过两次："知止不殆。"（第三十二章，第四十四章）知道停止，就不会遇上危险。人生最难得的是什么？是觉悟"早知如此，何必当初"。老子书中处处都是金玉良言，就看我们能否用心品味。

学习老子，对道稍有领悟，就可以扮演好"个人生命中的统治者"，妥善管理自己，达到趋吉避凶的结果。这样的智慧展现出既完整又根本的见识，只待我们虚心请益。可惜的是，老子感叹说："吾言甚易知，甚易行。天下莫能知，莫能行。"（第七十章）真正了解老子的是庄子，我们且来欣赏庄子的逍遥之乐。

27

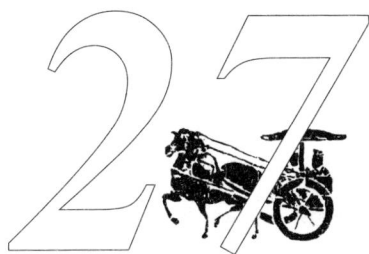

庄子（一）：
修行要兼顾身心

庄子博学多闻，深受老子启迪，发挥道
家思想。悟道需要智慧，智慧不离修
炼，"形如槁木，心如死灰"之后才会
展现精神，又名真君、灵台。"精神生
于道"，人以精神与道为友，才可逍遥
其游。

　　老子之后一百多年，到了战国时代中期，出现了庄子。今人所说的"道家"，主要即指老庄思想。道家强调无为与顺其自然，那么人还需要努力修行吗？答案是肯定的。先就学问来说，老子是文化官员——周朝的"守藏室之史"（国家档案馆馆长）。庄子呢？司马迁在《史记·老子韩非列传》中只用二百三十五字介绍庄子，但承认他是"其学无所不窥"。作为道家，光学问好是不够的，还需要修行，否则难以悟道。

　　庄子谈到修行，兼顾身与心。他的主张是必须做到"形如槁木，心如死灰"（《庄子·齐物论》，以下引述庄子原典，皆以译文出之，译文依《傅佩荣译解庄子》，东方出版社）。何以如此？这要从人生的痛苦谈起。本文先说明人生的困境，再探讨人心的妙用。

困境使人省思

　　若问人生的痛苦来自何处？《庄子·齐物论》有一段平实的描写："人承受形体而出生，就执着于形体的存在，直到生命尽头。它与外物互相较量摩擦，追逐奔驰而停不下来，这不是很可悲吗？终生劳苦忙碌，却看不到什么成功，疲惫困顿不堪，却不知道自己的归宿，这不是很悲哀吗？"

　　庄子的话语越说越重，简直像在训话："这种人就算是不死，又有什么好处！他的身体逐渐耗损衰老，心也跟着迟钝麻木，这还不算是大悲哀吗？人生在世，真是这样茫然吗？还是只有我一个人茫然，而别人也有不茫然的吗？"

庄子以"茫然"作为结语，很适合现代人的理解。在进一步阐释他的药方之前，我们不妨顺着这样的批评，找一段更具体也更清楚的资料，来作为补充说明。在《庄子·天地》中，有描写人们如何丧失本性及陷入困境的内容："丧失本性有五种情况：一是五色乱目，使人眼睛看不清楚；二是五声乱耳，使人耳朵听不明白；三是五臭熏鼻，使人鼻塞难以呼吸；四是五味浊口，使人味觉大受损伤；五是取舍迷乱心思，使人本性浮动。这五种都是人生的祸患。"

从感官的贪欲，到心思的困惑，又有谁可以逃避这一切？但是，庄子认为有些学者（如阳朱、墨翟）还在制造更复杂的干扰。他举这二人为例，大概因为他们是当时的知名学者，可以作为样板来加以批判。他继续指出："而杨朱、墨翟还在标新立异，自以为有所得，但这不是我所说的得。有所得的人反而受困，可以算是得吗？那么，斑鸠与猫头鹰被关在鸟笼里，也可以算是得了。再说，让取舍、声色的念头塞住内心，让皮帽、羽冠、玉板、宽带、礼服的装饰拘束外形，里面堆满了栅栏，外面是重重绳索的束缚，眼睁睁地困处在绳索之中还自以为有所得，那么犯人被反绑双手、夹住十指，虎豹被关在笼子里，也可以算是得了。"

这样的言语真是犀利，任何人念了都会有"寒天饮冰水，点滴在心头"的感触。但是，又有谁可以摆脱这样的困境？《庄子·田子方》顺着这样的理解，借由寓言中的孔子之口来教训颜渊。孔子说："自然而然地成就了形体，知道命运是不能预先测度的，所以我一天一天向前走。我长期与你相处在一起，你却没有了解这个道理，能不悲哀吗？你大概是见到我所见到的现象了。它们已经逝去，而你以为它们存在，还在继续寻找，这就好像在空的市场寻找马一样。我心目中的你，很快就消失了；你心目中的我，也很快就消失了。就算如此，你又担心什么！过去的我虽然消失了，但我还有那不消失的东西存在。"

请问：当我的身与心一直在变化时，还有什么是那"不消失的东西"？这个问题极为紧要。《庄子》书中屡次出现"形如槁木、心如死灰"之类的语句，视之为修炼有成者的表现。如果身与心变成毫无生机与活力的"槁木、死灰"，人还有什么部分是"不消失"的呢？

用现代人的术语来说，人有"身、心、灵"三个层次，亦即在大家熟悉的身与心之外，还有一个灵性层次的存在。既然如此，我们是否可以认为：庄子所肯定的修炼方法，就是要人以灵性的力量来化解身心的困境？

人心的妙用

庄子谈到人的修炼，总是不忘提醒我们"心如死灰"这四个字。为什么"心"要变得像死灰一样？因为心的运作确实难测之至。

《庄子·在宥》借老聃（亦即老子）之口说："你要谨慎，不可扰乱人心。人心排斥卑下而争求上进，在上进与卑下之间憔悴不堪；柔弱想要胜过刚强，棱角在雕琢中受伤；躁进时热如焦火，退却时冷若寒冰。变化速度之快，顷刻间可以往来四海之外。没事时，安静如深渊；一发动，远扬于高天。激荡骄纵而难以约束的，就是人心吧！"说到起心动念的复杂状况，恐怕很难找到更贴切生动的描述了。

《庄子·列御寇》说得更为具体，还列出五种表里不一的情况。

"人心比山川更险恶，比自然更难了解。自然还有春夏秋冬、日夜的规律，人却是外表厚实、情感深藏。所以，有人外表恭谨而内心骄傲，有人貌似长者而心术不正，有人举止拘谨而内心轻佻，有人表面坚强而内心软弱，有人表面温和而内心急躁。所以，追求道义有如口渴找水的人，抛弃道义也像逃避灼热的人。"

在此，最后一句"故其就义若渴者，其去义若热"，是在提醒我们不可操之过急。修炼之道，首在认识自己，省察自己是这五种"厚貌深情"中的哪一种，再对症下药，回归于真实的自我。

为了客观地认识自己及认识别人，庄子接着提出九种观人之法，称为"九征"。他说："所以，对于君子，派遣他去远方，观察他是否忠心；安排他在近处，观察他是否恭敬；交代他繁重事务，观察他是否能干；突然质问他，观察他是否机智；给他急迫的期限，观察他是否守信；委托他钱财，观察他是否行仁；告诉他处境危险，观察他是否有节操；让他喝醉酒，观察他是否守法度；让他男女杂处，观察他是否端正。经过这九种考验，就可以看出谁是贤者，谁是不肖之人了。"

这番话首先应该用来省察及认识"自己"，如果自己无法通过这九征的检验，又凭什么去要求别人呢？宋朝哲学家喜欢强调"在事上磨练"，正好符合庄子的用意。因为，若是光凭说"理"，谁不能侃侃而谈？但是遇到具体的"事"时，才有真正的操守可言。

不过，这样的修炼与本文开头所说的"心如死灰"又有什么关系呢？这样修炼下来的心似乎不是死灰状态。所以，我们在强调"表里如一，忠于自我"之时，还须介绍一个概念，就是"心斋"。

顾名思义，"心斋"是指心的斋戒，而不是指"不喝酒、不吃荤"而言。心斋的具体做法，是要逐步减少感官的刺激、外来的诱惑、层出不穷的欲望，以及执着于自我中心的观念与成见。总

之，就是要对"心"下一番涤清与整理的功夫，使它进入虚与静的状态。(《庄子·人间世》)

心能虚静，那么从外表看来，不是"心如死灰"吗？当别人都在耍弄心机、争奇斗艳、巧取豪夺、夸耀富贵时，你却能以虚静之心去面对。这是因为心正在发生奇妙的变化，也就是在平凡的心里面出现了光明，展现了属于"灵性"层次的境界。庄子以不同的名称来描写这样的心，说它是"真君"，是"灵台"，是"灵府"。

由此可见，人心奇妙无比。若是任由身体感官去牵引，则心成为烦恼的根源、痛苦的渊薮，活着片刻也不得安宁。反之，若是进行适当的修炼，使心如死灰，然后从灰烬中将会展现人类生命中最可贵的部分，亦即灵性的力量。庄子认为人心的奇妙莫过于此。

28

庄子（二）：
有用与无用之间

天生之物皆有其用。只要化解人类中心
的观点，珍惜万物本身的价值，则可明
白"无用之用，是为大用"。如果换由
"道"的观点，则会考量整体之无得无
失，与长远之宁静安详。

由表面看来，道家显得消极无为、不与人争，好像比较适合老人家的苍凉心态。事实并非如此。道家的特色是：从整体与长远的眼光来看待自己当前的处境与应做的抉择，目的则是让自己活得平安与长久。以这种角度思索"有用与无用"的问题，自然别有一番见解。

"无用之用"的意思

人的社会无不讲求"有用"，因为它代表能力与希望，可以在竞争过程中脱颖而出。但是，由于每个人的才华有别，往往只能在某一方面有用，"长于此而拙于彼"；并且，每个社会在不同的时代会推崇不同的有用，又有谁可以保证自己"生逢其时"？再由长远的发展来看，过去的有用到了现在，可能出现不利的后患，以致悔不当初！

苏东坡的《洗儿戏作》说得很无奈："人皆养子望聪明，我被聪明误一生。惟愿孩儿愚且鲁，无灾无难到公卿。"他只愿孩子"愚且鲁"，因为不聪明才不会像他一样遭忌，但最后还是流露出父母的天真盼望，试问这个世间有"无灾无难到公卿"这回事吗？即使真有此事，做到公卿之后，也许正是灾难的开始。

《庄子·人间世》描写两棵大树，真是奇大无比。一棵是"树荫可以遮蔽几千头牛，量一量树干有数百尺粗。树梢高达山头，树身数丈以上才分生枝干。枝干可以做成小船的就有十几根"。另一棵是"一千辆四马共拉的大车，都可以隐蔽在它的树荫下"。

这两棵树可以一直活到现在，全是因为"一无可用"。有用的树木早就"半途夭折于刀斧"之下了。庄子说得兴起，居然如此结论："所以古代祭祀时，凡是白额头的牛、鼻孔上翻的猪以及生痔疮的人，都不可用来投河祭神。巫祝都知道，这些是不吉祥的。而神人正好因此认为这些是最吉祥的。"再怎么健康俊美，死了又有何用？

读庄子的书，实在不宜错过"支离疏"的寓言。同样在《人间世》，我们读到以下这一段："支离疏这个人，头低缩在肚脐下面，双肩高过头顶，发髻朝着天，五脏都挤在背上，两腿紧靠着肋旁。他替人缝衣洗衣，收入足以糊口；又替人簸米筛糠，收入足以养活十人。官府征兵，他大摇大摆在征兵场所闲逛；官府征工，他因为身有残疾而不必劳役；官府救济病患时，他可以领到三钟米与十捆柴。形体残缺不全的人都可以养活自己，享尽自然的寿命，何况是那些不以德行为意的人呢？"

庄子的意思是：支离疏虽然不成人形，一无是处，但是反而因此活得自在。关键在于他接受自己的状况，不以形体为意。一般人当然不会羡慕支离疏的形体，但是会羡慕他的遭遇，这不是肯定了"无用之用"吗？庄子期许我们做到"不以德行为意"，放开对善恶是非的执着念头，那么不是可以随遇而安，活得较为轻松些吗？有些人在德行上也追求有用，却总是计较谁是圣贤，那不是自寻烦恼吗？

庄子多次苦劝惠施，希望他能明白"无用"的妙处。惠施反过来责怪庄子，认为他的话毫无用处。庄子两度针对这一点来答复。一是在《外物》，庄子说："懂得无用的人，才可以与他谈论有用。譬如地，不能不说是既广且大，人所用的只是立足之地而已。但是，如果把立足以外的地方都挖掘直到黄泉，那么人的立足之地还有用吗？”惠施说："无用。"庄子说："那么无用的用处也就很明显了。"

另外，在《逍遥游》结束的部分，惠施以无用的大树来比喻庄子的言论。庄子说："现在你有一棵大树，担心它没有用，那么为何不把它种在空虚无物的地方、广阔无边的旷野，再无所事事地徘徊在树旁，逍遥自在地躺卧在树下。它不会被斧头砍伐，也不会被外物伤害，没有任何可用之处，又会有什么困难苦恼呢？"庄子顺着惠施的比喻，说得像是真有这么一棵无用的大树似的。阅读至此，不免拍案称奇。

总之，"无用之用"的意思包括：

1. 不追求特定的有用；
2. 化解对有用之执着；
3. 安于自身的条件；
4. 珍惜此生，知命乐天。

处世需要明智判断

庄子在山中行走时，看见一棵大树，枝叶十分茂盛，伐木的人在树旁休息，却不砍伐这棵树。庄子问他什么缘故，伐木的人说："这棵树没有任何用处。"庄子对弟子说："这棵树因为不成材，得以过完自然的寿命。"

庄子一行人从山里出来后，借住在朋友家中，朋友很高兴，吩咐仆人杀鹅来款待客人。仆人请示说："一只鹅会叫，另一只不会叫，请问该杀哪一只？"主人说："杀不会叫的那只。"

以上是《庄子·山木》开场的一段故事。接着记载的是弟子的疑惑："昨天山中的树木，因为不成材得以过完自然的寿命；现在主人的鹅，却因为不成材而被杀。老师打算如何自处呢？"这真是一个好问题。庄子笑着说："我将处于成材与不成材之间。"

但是，"判断"成材与不成材何者较为安全，显然需要衡情度理的能力以及随机应变的本事，最后可能沦为苟且偷生而已。这又怎能代表庄子的真正思想呢？庄子于是借题发挥说："随着时势变化，不做任何坚持。可以往上也可以往下，以和谐为考量，遨游于万物之初的境地，驾驭万物而不被万物所驾驭，如此又怎么会受拖累呢？"

谈到"拖累"，自然界的启示很清楚，"直木先伐，甘井先竭"（挺直的树木先被砍伐，甘美的水井先被汲干）。至于人间世，庄子提醒我们：有聚合就有分离，有成功就有失败，锐利的会受挫折，崇高的会被议论，有所作为就有所亏损。简而言之，有所得就有所失，因此必须先消除得失之心。

这里的原则是"虚己以游世"。譬如："乘舟渡河时，被一艘空船撞上了，就算是急躁的人也不会发怒。如果有一个人在这艘船上，那么快要碰撞时，就会呼喊着要他避开；一次呼喊不听，二次呼喊不听，到了第三次呼喊时，就会骂出难听的话。刚才不发怒而现在发怒，是因为刚才船上无人而现在有人。人若能空虚自我而在世间遨游，那么谁能伤害他呢！"

换言之，我们要学习的是"成为空船状态"，在与人相处时，好像没有什么对自我的执着，成功了不欣喜，失败了不难过。譬如，与国君相处是至为困难的挑战。周文王找到一位臧地老人，并且拜他为太师，但是当文王向他请教国事时，他却"闷声不响没有回应，又泛泛说些推辞的话"（《田子方》）。《德充符》中，鲁哀公所信赖的丑人哀骀它的作为如出一辙，也是"闷声不响没有回应，又泛泛说些推辞的话"。何以能够如此？因为他们化解了我执。

《庄子·人间世》记载蘧伯玉劝勉颜阖，期许他在与君主相处时，"外表上不如迁就，内心里最好宽和"，但是迁就不要太过分，不然自己也会跟着丧失立场，并且崩溃失败；宽和不要太明显，不然自己也会跟着博取声名，并且招致祸害。至于具体的表现则是："君主如果像个婴儿，你就伴同他像个婴儿；他如果像个无威仪的人，你就伴同他像个无威仪的人；他如果像个无拘无束的人，你就伴同他像个无拘无束的人。能做到这一步，就不会有毛病被责怪了。"俗话说"伴君如伴虎"，能够以上述方式通过这一关，那么在世间行走自然平安无虞。

谈到"虚己"，《山木》最后以旅店主人为例，说他有两个小妾，一美一丑，但是他却宠爱丑的，冷落美的。阳子见此情景不免好奇，询问缘故。旅店主人说："美丽的自以为美丽，我却不觉得他美；丑陋的自以为丑陋，我却不觉得他丑。"阳子于是对弟子说："你们要记住，行善而不要自以为有善行，到哪里会不受喜爱呢？"若不明白这个道理，即使优点再多，也会遭人责怪。因此，"材与不材之间"，依然是以正确的心态为其关键。

29

庄子（三）：
看清"死亡"这回事

人之生死有如昼夜，又如气之聚散，自然无比。生前死后的情况不必多虑，一切交由道来安排，有如子女信赖母亲。明白死亡不可避免，人转而肯定每个当下的平安与幸福，并朗现无穷的审美意境。

哲学是对人生经验做全面的反省。既然是全面，自然不能忽略
"死亡"这个重要的关卡。譬如，孔子在回答子路时，说到"未知
生，焉知死"一语（《论语·先进》），就让许多学者以为孔子不
了解死亡或无意探讨死亡。这当然是个误会。那么，道家呢？情
况很清楚，庄子谈论有关死亡的篇幅，大概是先秦哲学家之中最多
的。以下试由两方面加以阐述。

不必害怕死亡

在《庄子·至乐》中，他亲自上阵与一副骷髅头对话。首先
谈到的是人死的五种原因，充分反映了战国时代的混乱与危机。

庄子来到楚国，看见路边有一副骷髅头，便用马鞭敲敲它，然
后问："你是因为贪图生存、违背常理，才变成这样的吗？还是因
为国家败亡、惨遭杀戮，才变成这样的？还是因为作恶多端、惭愧
自己留给父母妻子耻辱而活不下去，才变成这样的？还是因为挨饿
受冻的灾难，才变成这样的？还是因为你的年寿到了期限，才变成
这样的？"

这五种死因之中，只有最后一种算是常态现象。由此可见，当
时有不少人是死于非命。不过，既然是路边枯骨，可想而知是未
得善终。庄子说完这一段话之后，就拉过骷髅头当作枕头，睡起
觉来。

到了半夜，骷髅头进入庄子的梦中，为他描述死人的情况：
"人死了，上没有国君，下没有臣子，也没有四季要料理的事，自

由自在与天地并生共存；就算是南面称王的快乐，也不能超过它啊！"在此，与其说庄子肯定死亡胜于生存，不如说他想破除一般人执着于生存的意念。

《庄子·齐物论》说得很清楚："我怎么知道贪生不是迷惑呢？我怎么知道怕死不是像幼年流落在外而不知返乡那样呢？丽姬是艾地边疆官的女儿。晋国国君要迎娶她的时候，她哭得眼泪沾湿了衣襟；等她进了王宫，与晋王同睡在舒适的大床上，同吃着美味的大餐，这才后悔当初不该哭泣。我怎么知道死去的人不后悔自己当初努力求生呢？"对于未知之事，谁不觉得惶恐？但是想一想这个世界的种种烦恼，如果真到了不得已要离开的时候，确实应该坦然一些。

如果对人生采取批判的观点，则《庄子·盗跖》借大盗之口所做的描述最为透彻，盗跖对孔子说："现在我来告诉你人的实况。眼睛想看到色彩，耳朵想听到声音，嘴巴想尝到味道，志气想得到满足。人生在世，上寿一百岁，中寿八十岁，下寿六十岁，除了病痛、死丧、忧患之外，其中开口欢笑的时刻，一个月里也不过四五天而已。天地的存在无穷无尽，人的生死却有时限；以有限的身体，寄托于无限的天地之间，匆促的情况无异于快马闪过空隙一样。凡是不能让自己的心思与情意觉得畅快、好好保养自己寿命的人，都不是通晓大道的人。"

《庄子·知北游》有类似的说法："人活在天地之间，就像白马飞驰掠过墙间的小孔，只是一刹那罢了。"不过，以下对于生死的描述更为完整："蓬蓬勃勃，一切都出生了；昏昏蒙蒙，一切都死去了。既由变化而出生，又由变化而死去，生物为此哀伤，人类为此悲痛。解下自然的弓袋，丢弃自然的剑囊，移转变迁，魂魄要离开时，身体也跟着走了，这就是回归根本啊！"在此，所谓自然的弓袋与剑囊，是指自然所赋予的外在形貌。若能消解这些形貌，则万物在本质上只是一气而已。

同样，在《知北游》中，可以念到一段精彩的文字："生是死的同类，死是生的开始，谁知道其中的头绪！人的出生，是气的聚合；气聚则生，气散则死。如果死生是同类的，我又有什么好担心的呢？所以万物是一体的。人们把欣赏的东西称为神奇，把厌恶的东西称为腐朽；腐朽可以再化为神奇，神奇可以再化为腐朽。所以说：'整个天下，是一气贯通的。'"既然如此，我们应该化解对死亡的恐惧，然后在有限的生命中培养觉悟的能力，亦即明白：气的最后根源即是"道"。

从容面对死亡

关于死亡，哲学家总能说出一番道理，但是千言万语也比不上具体的检验。当他面对亲人的死亡，或者他自己面临死亡的威胁时，能否展现言行一致的风范？希腊哲学家苏格拉底（Socrates，前469—前399）留给世人最深的印象，不是他以街头谈话撼动了昏睡的雅典民心，而是他在狱中等待死亡降临时，依然谈笑自若的悲壮画面。

庄子的表现如何？他一生穷困，自己固然可以大而化之，但是妻子与子女也要跟着受苦。时代环境如此，只能徒呼奈何！终于，大限已届。庄子的妻子死了，惠子前来吊丧。这时庄子正蹲在地上，一面敲盆一面唱歌。惠子自然诧异不解，责怪他说："你与妻子一起生活，她把孩子抚养长大，现在年老身死，你不哭就罢了，竟然还要敲着盆子唱歌，不是太过分了吗？"

这是出于《庄子·至乐》的一段资料，惠子其实是代表所有的人提出质疑。庄子如何答复呢？他说："不是这样的。当她刚死的时候，我又怎么会不难过呢？可是我省思之后，察觉她起初本来是没有生命的；不但没有生命，而且没有形体；不但没有形体而且没有气。然后在恍恍惚惚的情况下，变出了气，气再变化而出现形体，形体再变化而出现生命，现在又变化而回到了死亡，这就好像春夏秋冬四季的运行一样。这个人已经安静地睡在天地的大房屋里，而我还跟在一旁哭哭啼啼。我以为这样是不明白生命的道理，所以停止哭泣啊！"

庄子的意思是：生死有如四季运行，是循环不已的，我们何必对四季有任何情绪反应？不仅如此，死生的变化，就像昼夜的轮替一样。这似乎是主张生死乃是"相反相生"的。唯有共同处在一个整体中，才可对生死做这样的理解。事实上，使人困惑的不是有生之物注定会死，而是已死之物如何再生？万物循环出现，没有人会在意眼前这朵花是否为去年所见的某一朵花的再生；但是也没有人不关心：我这个生命将来"真的"会再生吗？

庄子侧重整体观点，想要以此消解个人生命是否再现的问题。他在《田子方》中借老聃之口说："由天地发出至阴之气与至阳之气，这两种气互相交通融合就产生了万物，也许有什么力量在安排秩序，却又看不见它的形体。万物有消有长，时满时虚，夜暗昼明，日迁月移，每天都有些作为，却看不到任何功绩。出生，有它的源头；死亡，有它的归宿；始与终相反而没有开端，也不知将止于何处。如果不是这样，又有谁是这一切的主宰呢？"

就人类经验所及，理性思考大概只能说到此处。如果还要深入解释，庄子大概就会像儒家的孔子一样，请你去想一想"未知生，焉知死"的道理。你若无法珍惜此生，就算给你无数次的来世，又有什么意义？至于如何才算是庄子所认可的珍惜此生，则有待另文讨论。

终于，庄子自己天年已尽。《庄子·列御寇》记载了此事。庄子临终的时候，弟子们想要厚葬他。庄子说："我把天地当作棺椁，把日月当作双璧，把星辰当作珠玑，把万物当作殉葬，我陪葬的物品难道不齐备吗？有什么比这样更好的！"古代葬礼，要准备"棺椁、连璧、珠玑、赍送"，才能算是理想。庄子认为自己一应俱全，没有任何缺乏。

弟子说："我们担心乌鸦与老鹰会把老师吃掉。"庄子说："在地上会被乌鸦与老鹰吃掉，在地下会被蝼蚁吃掉；从那边抢过来，送给这边吃掉，真是偏心啊！"

以这种轻松而诙谐的口吻谈论自己身后之事的，恐怕古今中外都十分罕见。更重要的是，庄子这么说不是故作潇洒，而是基于他的道家哲学所推演出的合理结论。"道"是万物的来源与归宿，是唯一的整体。只要觉悟了什么是道，连生死都可以淡然处之，因为那是合乎自然的变化。明白这种变化，才有逍遥之乐可言。

30

庄子（四）：
天人合一与悟道契机

在庄子看来，天是自然界，人是人类。
"天人合一"是说自然界与人类合成一个
整体，都在"道"的怀抱中。道"无所
不在"，而非"无所不是"。因此，道
是既内存又超越的。道之内存于万物之
中，使人孕生审美感受；道之超越于万
物之上，使人向往究竟真实，与道同游。

翻开任何一本介绍中国文化的书，只要谈到中国文化的特色，就免不了强调"天人合一"一词。但是，"天人合一"是什么意思？天代表自然界，人是指人类，这两者如何合一呢？如果专就形体来说，则人死后，"尘归尘，土归土"，想不合一也不行，但是如此一来，动物与植物不也与天合一了吗？

不过，人在活着时，形体显然无法与自然合一。因此，这种合一必定是指人的精神状态，包括：觉悟了自然与我其实属于一个整体，也品味了我与自然相通为一个整体的快乐。这种觉悟与品味，都是人的心智或精神能力经由某种修炼所达成的结果。如果认真追究此种观念的由来，则会溯及庄子。

"天人合一"的真谛

事实上，"天人合一"是后来的用语。《庄子·山木》首次表达这种观点的原文是："人与天一也。"意思是：人与自然是一个整体。随着这句话出现的解说是："有人为的一切，那是出于自然；有自然的一切，那也是出于自然。人为的一切不能保全自然，那是本性的问题。只有圣人能够安然顺应变化到极致。"

因此，不论人为的或自然的，皆是出于自然，就好像万物皆源于天地一样。但是，为什么人为的一切不能保全自然呢？庄子认为那是人的本性的问题。简单说来，人有认知能力，这种能力稍有偏差就会出现区分与执着，认为自己与别人是对立竞争的，并且非要胜过别人不可，然后扭曲了本性，也无法保全自然了。

《庄子·秋水》借河伯之口说："什么是自然？什么是人为？"北海若说："牛马生来就有四只脚，这叫做自然；给马头套个勒，给牛鼻穿个孔，这叫做人为。所以说：不要以人为去摧毁自然，不要用智巧去破坏命定，不要为贪得而追逐名声。谨守这些道理而不违失，这叫做回归真实。"随着文明的进展，天人合一似乎难以企及了。

《庄子·天地》特地揭示了一个"忘"字诀："人的动静、生死、穷达，都不是自己安排得来的。一个人所能做的，是忘掉外物，忘掉自然，这样叫做忘己。忘掉自己的人，可以说是与自然合一了。"

在达到"忘己"之前，还有一些修炼的方法。《庄子·齐物论》认为，万物互相形成"彼与此"，所以人类最好不要妄分是非。"使彼与此不再出现互相对立的情况，就称为道的枢纽。掌握了枢纽，才算掌握住圆环的核心，可以因应无穷的变化。"以清明的心去观照一切，将可以觉悟"天地其实就是一根手指，万物其实就是一匹马"。"天地一指也"，是要破除人们对大小的执着；"万物一马也"，是要破除人们对多少的执着。理由是：无论大小与多少，都在整体的"道"里面。从道看来，人与自然原本都是整体中的一部分，何必区分为二呢？

《齐物论》继续追溯万物的根源。如果根源是同一个道，那么我们所见的一切原本即是合一的。接着归结出一句足以代表庄子人生境界的名言："天地与我并生，而万物与我为一。"天地与我一起存在，我就可以摆脱时间方面的压力（如变化生灭）；万物与我合为一体，我就可以免除空间方面的困扰（如大小多少）。化解了时空的局限，人的生命又是什么情况呢？

《庄子·天地》描写至高的神人"驾驭光明，形体已被化解无遗，这叫做照彻空旷。将生命的真实完全展现，与天地同乐而没有任何牵累，万物也都回归于真实。这叫做混同为深奥的一"。

由此可知，所谓天人合一，并非单纯的"人与自然合一"，好像人的形体注定融化于自然之中，而是"人与自然在道中合而为一"。以道为基础，并且由道的观点来看，人与自然才有可能合而为一。这时，人的精神状态将显示悟道的喜悦，在光明中完全展现生命的真实。那么，道又是什么？这是我们要向庄子请教的最后一课。

无所不在的道

许多学者研究庄子，认为他的观点是相对主义，如生死相对，善恶相对；甚至认为他有怀疑主义的心态，看出万物变化无常，什么都靠不住。

事实上，庄子既非相对主义，也非怀疑主义，而是采取超越人类中心的思考模式，从道这个整体来看待一切，让万物都可以在道里面得到充分的肯定。如果听庄子多讲几次"道"，自然会觉得好奇而想进一步请教他了。《庄子·知北游》有一段记载，是庄子对道所做的浅显说明，值得仔细品味。其文如下：

> 东郭子请教庄子说："所谓的道在哪里呢？"
> 庄子说："无所不在。"
> 东郭子说："一定要说个地方才可以。"
> 庄子说："在蝼蚁中。"
> 东郭子说："为什么如此卑微呢？"
> 庄子说："在杂草中。"

东郭子说："为什么更加卑微呢？"

庄子说："在瓦块中。"

东郭子说："为什么越说越过分呢？"

庄子说："在屎尿中。"

东郭子不出声了。他不敢再问了，因为庄子的回答越来越不堪，完全异于一般人的想象。庄子所谓的道是"无所不在"的。为了说明它真的无所不在，所以要强调它在于"蝼蚁、杂草、瓦块、屎尿"，这是从动物（昆虫）到植物，到矿物（无生物），再到废物。意思是：连最低贱卑微之物都有"道"在其中。

庄子接着说："先生的问题本来就没有触及实质。有个市场监督官，名叫获的，他向屠夫询问检查大猪肥瘦的方法，就是用脚踩在愈往腿下的部分而有肉，这只猪就愈肥。你不要执着在一个地方，万物都是无法逃离的。至高的道是如此，伟大的言论也一样。"这里使用了"每下愈况"一词来说明道之无所不在。

道无所不在，我们可以"一起遨游于无何有之乡，混同万物来谈论，一切都是无穷无尽的啊！让我们一起无所作为吧！恬淡又安静啊！漠然又清幽啊！平和又悠闲啊！我的心思空虚寂寥，出去了不知到达何处，回来了不知停在哪里；我来来往往啊，不知终点何在。翱翔于辽阔无边的境界，运用最大的智力，也不知边界何在"。细读这一段描述，再回想庄子遍布全书的那些不着边际的话语，就不免发出会心的微笑了。

庄子既然谈起了道，就随口多说几句话作为结论，这也提供了我们理解的契机。他说："主宰万物的道与万物之间没有分际；物与物是有分际的，就是所谓万物之间的分际。无分际的道寄托于有分际的物中，就像有分际的物寄托于无分际的道中。以盈虚衰杀来

说："道使物有盈虚，而自身没有盈虚；道使物有衰杀，而自身没有
衰杀；道使物有始终，而自身没有始终；道使物有聚散，而自身没
有聚散。"

这一段话的重点在于：万物一直处于"盈虚、衰杀、始终、
聚散"的过程中，亦即一直在变化生灭之中，但是，道却不受任
何影响。这正是《老子·第二十五章》所说的"独立而不改，周
行而不殆"（独立长存而不改变，循环运行而不止息），这也点出
了"无所不在"与"无所不是"的重大差异。如果"道无所不是"，
则道必须随着万物的变化而一起变化。但是，如果说"道无所不
在"，就可以肯定道除了遍在万物之外，还拥有一种超越性，不会
随着万物的变化而变化。"在"与"是"一字之差，决定了理解是
否正确，所以特别值得省思。

31

墨子：
全面而平等地爱护众人

"兼爱"是要全面而平等地爱护众人。立意之高，使人想起"大同"社会以天下为人人所共有的理想。但是如何实现？墨子认为，要靠上天的意志与鬼神的赏罚，加上政治与教育的合理安排。此一理想虽未能实现，但值得我们表示敬意。

墨翟（约前 468—前 376）是战国时代初期的学者，工匠出身，学过儒家思想，后来博览群书，自创一家之言。他思辨敏捷、口才过人，在逻辑思维方面有独到贡献；他反对战争、救危扶困，带领一批弟子行侠仗义。《孟子·尽心上》说："墨子兼爱，摩顶放踵利天下为之。"《淮南子·泰族训》说："墨子服役者百八十人，皆可使赴汤蹈火，死不旋踵。"《庄子·天下》说："墨子真天下之好也，将求之不得也，虽枯槁不舍也，才士也夫！"

由此可见，墨子勇于实践自己想要帮助天下人的愿望，不论牺牲多大都要全力以赴。他的精神可以感召侠义之士，但他的学说能否让天下人信服呢？儒家的孟子认为"墨氏兼爱，是无父也。无父无君，是禽兽也"（《孟子·滕文公下》）。这种批判虽然严厉，但在孟子自有一套推理过程。道家的庄子认为"墨子虽独能任，奈天下何！离于天下，其去王也远也"。清楚表示他的思想与天下人脱节，离开治国的王道很远。到底墨子有何主张，以下试做介绍。

逻辑推论的方法：三表法与推类法

依司马谈《论六家要旨》，古代值得传述的学派有六，即"阴阳家、儒家、墨家、名家、法家、道家"，其中名家以逻辑思辨见长，但是谈到相关理论，仍以墨子所述较为完备，其中值得学习的有三表法与推类法。

《墨子·非命》提出三表法，借以检证一套言论能否成立。三表法是：

1. 本之者，要根据古代圣王的事迹，并参考天志与鬼神之意。
2. 原之者，要考察众人耳目所得的事实，并参考先王之书。
3. 用之者，落实在政治上，看看对百姓是否有利。

这三法分别针对了"过去、现在、未来"三个向度，构想堪称完备，但是也有明显的漏洞，譬如：

1. 古代圣王可以治理天下，但是现在未必有圣王，取其法而无其人，效果堪虑；并且像天志与鬼神之意，涉及个人信仰，难以普遍取信于人。
2. 众人耳目之实，容易受到迷惑而难以取得共识，这在尚有封建阶级的社会更是如此；至于先王之书，亦有如何诠释与如何取舍的问题。
3. 用之者无异于进行某种政治或社会上的实验，实验结果的判断标准是"有利于百姓"，但是"利"字如何界定，这是有待说明的问题。

因此，三表法对于我们提出个人的见解或言论固然有其助益，但是要建构一套学说体系恐怕仍有不足。

其次，所谓类推法是指推论规则而言，在《墨子·小取》中列出"辟、侔、援、推"四种。"辟"即譬，举出类似之物来说明此物，犹如一般所谓的比喻。"侔"即等同，举出两类相似的语句，说明两者都行得通。"援"是引，引用对方的言论来证明自己也可以有相似的言论。"推"是推理，用对方所不赞同的来反驳他所赞同的。譬如，在《墨子·公输》中，墨子要公输盘替他杀人，公输盘说自己奉行正义，不会杀人。墨子接着劝阻他，希望他奉行正义，不要帮助楚王攻打宋国。这即是使用了推法。

济世救人的思想

墨子积极入世，也曾周游列国，他认为有能者应该得到高位，才可造福百姓。他在《尚贤》中说："官无常贵，而民无终贱，有能则举之，无能则下之。"但更重要的是，有能者需要一套完整的思想。《鲁问》有一段扼要的话，提出墨子十策：

> 凡入国，必择务而从事焉。国家昏乱，则语之尚贤、尚同；国家贫，则语之节用、节葬；国家熹音湛湎，则语之非乐、非命；国家淫僻无礼，则语之尊天、事鬼；国家务夺侵凌，则语之兼爱、非攻。

这里所列的十策，除了"尊天"改为"天志"，"事鬼"改为"明鬼"，其他八策全都是《墨子》书中的篇名，可见他是有备而言。

在墨子看来，当时的国家可能陷于五种状况，如"昏乱、贫困、耽溺享受、放肆无礼、侵略好战"。他自信可以对症下药，提供救治之道。他的十种方案其实形成了一个完整的架构。

墨子学习古代经典，相信天是万物的来源，那么人应该如何生活？人们组成国家之后，唯一的选择是"法天"。他在《法仪》中说："天之行广而无私，其施厚而不德，其明久而不衰，故圣王法之。"天是广大无私的，施恩而不居功，光明久照不衰。圣王既然效法天，就要做好一件事："天之所欲则为之，天之所不欲则止。"

天之所欲与所恶是什么？"天必欲人之相爱相利，而不欲人之相恶相贼也。"何以知之？因为天对人"兼而爱之，兼而利之"。理由是什么？是天对人"兼而有之，兼而食之"。在此，"兼"字显然是指"全面的、平等的"而言，"兼爱"一词也成为墨子思想的标签。

为了达成上述目的，政治上各个层级必须由下往上"认同"一个价值标准，使家、国、天下真正统一，而天子则须"尚同一义于天"，以天为价值标准的基础，然后才有可能依此天志来实行兼爱（《尚同》)。《尚贤》则强调推举贤人来任官。贤良之士的三项条件是："厚乎德行，辩乎言谈，博乎道术。"这些都言之成理，值得肯定。

在具体的政治操作上要兴利除弊。墨子倡言"节用、节葬、非乐、非命"，皆是出于一项考虑：要节省资源，要让现在活着的百姓安居乐业，不然如何达成兼爱的目标？有关兼爱的问题，稍后再谈。现在要问的是：如果有人质疑墨子的想法，他会诉诸"天的意志"。他在《天志》中描述天的性质为：至高主宰，无所不知，有意志可以表现好恶，有能力可以赏善罚恶。墨子以三代兴亡为例，证明天之赏善罚恶。但是对当时的人，更有效的例子是《明鬼》中鬼神所施行的赏罚。鬼神成为公平正义的维护者。他说："有天鬼，亦有山水鬼神者，亦有人死而为鬼者。"这些说法已有迷信色彩。因为相信天意存在与鬼神存在是一回事，而相信天意与鬼神会在今生给人公平的善恶报应，则是另一回事。后者已逾越理性所能把握的范围，这也是墨子学说难以自圆其说之处。

兼爱的用意与难处

在《天志》中，墨子说："顺天意者，兼相爱，交相利，必得赏；反天意者，别相恶，交相贼，必得罚。"这即是兼爱说的立场：人与人不分彼此而相爱，交互都可得利；反之，人与人分别彼此而相憎，交互都会受害。这段话前面宣称"天意"，后面警惕"赏罚"，而事实上这两方面皆无清楚而普遍的验证，否则人间根本无须墨子操心，早就国泰民安了。也正因为如此，墨子努力设法说明兼爱"如何"对大家有利。以利害来教导人，在哲学上属于效益主义，需要精确的计算能力，并且只有外在的约束力，而不可能引发主动行善的力量。

并且，兼爱要人"全面而平等地"爱护别人。这种主张有两点预设：一是人人都有能力做到，二是人人都愿意这么做。这两点预设难免流于一厢情愿。人的时间、力量、资源皆有限，如何有能力全面而平等地爱护别人？更值得怀疑的是：谁能保证人人都会这么做？连一个家庭中的成员彼此都未必做得到这种兼爱，何况是一个乡里、一个社会、一个国家。

墨子本人的学生也未必做得到兼爱。《庄子·天下》提及墨子的弟子争夺巨子之位，互相指责对方是墨子的别派。《韩非·显学》也指出墨子死后，墨家分为三派（相理氏、相夫氏、邓陵氏），各不相让。墨家学说无法流传久远，已可预见。

若取先秦儒家、道家、墨家并观之，则可谓：

1. 墨家最保守，仍坚信有一拟人论的天，以及负责执行天意的鬼神。

2. 道家最具革命性，以道取代天，使超越界得到新名字并展示新意义。

3. 儒家较为温和，承先启后，在肯定天命时，也能深入探讨
   人性，找出天人之际的合理联系，启发人性的内在动力，
   使完成人性与回应天命形成一体之两面。

　　墨家虽然失传，但墨子的兼爱说现在常被拿来与基督宗教的博
爱与佛教的慈悲对比。这也是文化交流中的一件美事。

32

荀子（一）：
人性向善或人性本恶

孔子强调自我的觉醒，孟子启发人心的
善端，但是荀子主张"性恶"，要用礼
与法来教导百姓行善。若无君、师、礼、
法，则社会必将陷于混乱。这种观点异
于孔孟，看似大同小异，其实已分道
扬镳。

孔子创立了儒家，孟子发展了儒家。比孟子晚了约五十年的荀子（约前313—前238）算不算儒家呢？许多研究中国哲学史的人把荀子列为孔子、孟子之后，第三位先秦时期的儒家代表。荀子自己则采取推崇孔子而批判孟子的立场，使这个学派归属问题趋于复杂化。因此，我们最好先界定儒家的基本观点，再来厘清此一难题。

何为儒家：荀子与儒家分道扬镳

首先，一个人算不算儒家，要看他的行为表现是否显示三点外观：

1. 尊重传统；
2. 关怀社会；
3. 重视教育。

这三点分别针对了"过去、现在、未来"，儒家肯定人的生命在时间之流中，既可以继承先人的智慧，也能够承担自身的责任，更应该促成子孙的幸福。

依此而论，荀子当然是一位儒家学者。他在著作中引用《诗经》《尚书》《易经》之处甚多，还有专文探讨《礼论》《乐论》，可谓博学之士。他本是赵国人，后前往齐国，在学者群聚的稷下学宫讲学，三度被推为稷下学宫的祭酒。然后又前往楚国担任兰陵令。由此可见他在学界与政界都有积极投入的意愿及行动。至于教育，则荀子所论有关《劝学》《修身》《解蔽》《正名》《天论》《性恶》《非十二子》等文章，无不与教育有关，亦即要鼓励后之来者在知识与德行方面明辨是非，走上正道。

其次，判断一个人是不是儒家，还须看他的基本思想是否主张以下三点：

第一，人都"可以"成为君子；

第二，人都"应该"成为君子；

第三，当人成为君子时，都会"影响"别人也成为君子。

在此，所谓"君子"，是指理想的人格而言，其最高典型是"圣人"。儒家肯定人有成为君子的"可能性"与"必要性"。孔子对"君子"的各种描述，充分彰显了他的学说对人的理解。孟子认同"人皆可以为尧舜"，荀子也肯定"涂之人可以为禹"。更重要的是，既然人应该成为君子，那么为了成为君子，人要付出什么代价？答案是牺牲生命，但是这种牺牲并非白白损失，而是为了完成生命存在的目的。这一点是儒家的关键立场。我们在介绍孔子与孟子时，一再强调的"人性向善论"正是此一立场的基础所在。由于人性向善，所以为了实现善的要求（即为了成为君子），人的牺牲不是牺牲，而是完成了自己的人性。

那么荀子呢？他说：君子"畏患而不避义死"（《荀子·不苟》），意即：君子害怕灾难，但并不会逃避为义而死。表面看来，"舍生取义"与"不避义死"有些类似，都是为了道义而牺牲生命，但两者的差别依然清晰。在孟子（正如孔子所说的"杀身成仁"），是使用积极的、主动的、有成就感的"取"字，有如因为死亡而

得到了平生所愿，完成了人生目的。但是在荀子，"不避"二字显
然流露出消极的、被动的、无奈的意味。孟子与荀子的这一点差
异，是我们稍后要探讨的题材。

　　至于前述所列第三点主张，亦即当人成为君子时，都会影响别
人也成为君子。这一点在孔子、孟子、荀子较少争议，但前提是要
界说"善"这个概念。由于"善"是我与别人之间适当关系之实
现，因此只要我在行善，则与我相关的别人自然会因为我的言行而
受到影响，然后也可能日趋于善。在此，行善与君子的关系不辩自
明；但行善可以由我推及别人，并且是我的生命之唯一正途，这一
点则仍有待说明。如何说明？答案即在主张人性向善。那么，荀子
的观点是什么？

荀子批判孟子：人与禽兽的差异

　　孟子主张"性善"，荀子主张"性恶"。荀子书中有一篇名为
《性恶》，其中四度点名批判孟子。他们二人对"性"字的界说不
同，所以原本不必针锋相对，但荀子执意把孟子的"性善"说成
"人性本善"，然后再做犀利的质疑。譬如，如果人性本善，为何
人还需要接受教育？而事实上，孟子向来强调人需要接受教育，如
他说过"饱食、煖衣、逸居而无教，则近于禽兽"（《孟子·滕文
公上》）。既然如此，可知孟子所主张的并非荀子所说的那种"人
性本善"。

　　在此，先介绍荀子的人性论。他所谓的人性，是指人天生所具
备的自然本能，如"好利、疾恶、耳目之欲"，这些本能如果顺其
本性发展，结果便是恶的。他所谓的善是"正理平治"，恶是"偏
险悖乱"，这些都是人的社会具体展现的结果。但是，"正理平治"

需要教育，亦即"师法与礼义"；而"偏险悖乱"则顺着本性即可造成。因此人是性恶，而善是人为的，亦即"其善者，伪也"。

荀子再度明确定义"性"字："性者，天之就也，不可学，不可事。"意即：所谓人性，是自然生成的，不可把学习的东西加进去，不可把做成的事情加上去。亦即：人在出生之后，所学到的与所做成的（如：我学到了人应该行善，我做成了某些善事），都不可算在人性里面。荀子这种定义无异于告子所谓的"生之谓性"，但他更重视人有天赋的学习能力。所学习的是师法与礼义，或者总括为一个"礼"字。因此，礼是荀子的核心观念。

如果没有礼，人的世界无异于禽兽世界。荀子指出，礼有三本："天地者，生之本也；先祖者，类之本也；君师者，治之本也。"人的生命来自于天地（其实万物皆在天地间才可存在），人的种族来自于祖先（其他生物也是如此），但是人的社会要上轨道，要安居乐业，则有赖于国君与老师了。"君与师"并列，在《尚书·泰誓》中早有明文，如"天降下民，作之君，作之师"云云，但是在实际生活中，"国君"是清楚的那一个人，而"老师"则是模糊的、不确定的某人。结果呢？一切都要仰赖国君了！顺着这个趋势下去，不是会走上"尊君"之路吗？荀子教出两个著名的弟子，即是李斯与韩非（司马迁《史记·老子韩非列传》），前者为秦始皇的宰相，后者为法家的代表人物。这件历史事实使人无法放心肯定荀子为儒家学者。

问题出在何处？荀子推崇礼之三本，然后对礼的作用加以分辨：一为"养"，要能"养人之欲，给人之求"；二为"别"，要使"贵贱有等，长幼有差，贫富轻重皆有称"。这样的礼，是"人道之极"，是人生一切处境的准则。如果没有礼，国家无法治理，人类无以存续。荀子既已主张性恶，那么使人为善的这个礼，是怎么来的？是古代圣王的制作。圣王也是性恶，但深具智慧，充分发挥理性思考的能力，分辨如何对人类最有利，所以发明了礼。如果持续追根究底，荀子最后只好承认：礼"是百王之所同，古今之所一也，未有知其所由来者也"（《荀子·礼论》）。他说，礼的制作"未有知其所由来者也"，这也许是个历史事实，但是身为哲学家的责任，正是要为此提出一个说法。

荀子真正的问题在于：他发现了人与禽兽的差异。他说："人之所以为人者，何已也？曰：以其有辨也"（《荀子·非相》）；"人有气、有生、有知，亦且有义，故最为天下贵也"（《荀子·王制》）。他知道只有人可以分辨善恶，又具有道义的要求。所谓人性向善，是说当人真诚时，会由内而生一种要求自己行善的力量。荀子也曾广泛探讨有关"真诚"的题材（《荀子·不苟》），但他的考虑始终是以其结果之利害而论，因此并未触及由真诚产生行善的力量这个重点。

在此先做个简单的结论：如果以孔子与孟子代表儒家，则荀子只能说是：深受儒家启发，但已另择他途。他对孟子的批判不但误解甚多而且稍嫌尖刻，他甚至视孟子为"俗儒"，还把孔子的几名弟子（子张氏、子夏氏、子游氏）所教导的学说表现称为"贱儒"。因此，把荀子列在儒家名单中，实在有些情何以堪。

33

荀子（二）：
二千年之学，荀学也

荀子的天是指自然之天，显示客观的物理规律。人活在世间只能计较利害关系；即使重视学习与修养，也只能考虑个人的祸福与安危。文化上的制作，如礼仪中的祭祀与稽疑时的卜筮，都只是为了满足百姓信仰鬼神的愿望，而其本质只是文饰而已。

荀子认真分辨各种不同的儒者，如大儒、雅儒、俗儒、散儒、小儒、陋儒、贱儒等。其目的是要正本清源，推崇像孔子这样的典型，同时也肯定自己代表孔子的真传。的确，我们曾以"承礼启仁"一词描述孔子的志业，后续的发展似乎是：孟子接着"仁"字讲，发挥创意，提出仁政理想以及心之四端等学说；荀子则回到"礼"字，认为仁政不切实际而心的作用过于主观。荀子认为礼才是孔子立说的宗旨。

我们判断哲学家的立场时，必须聚焦于他的核心观念，而儒家的核心观念有二：一是人性论，二是天论。孟子说性善，是为了使仁接上源头活水；荀子说性恶，是为了让礼得到施展机会。但是，荀子找不到礼的由来，致使他的人性论无法自圆其说。并且，虽然他说"君师者，治之本也"，但由于礼是"百王之所同"，所以有了礼与君，则师的角色与责任就被消解了。若有师，也只是等待君来使用罢了。

《荀子·儒效》中记载，秦昭王问荀子："儒无益于人之国？"荀子当然大力为儒家辩护，他指出："儒者效法先王，尊崇礼义，谨慎尽好臣子的本分，并使他的君主尊贵。君主任用他，他在朝廷会做一个称职的臣子；不用他，他会做一个朴实恭顺的百姓。他就算穷困、冻饿，也不会走邪路去求利；他穷得没有立足之地，也懂得维护国家的大义。"

荀子的回答完全侧重儒者的修养，而没有提及国君的重责大任。这与孔子所谓的大臣应该"以道事君，不可则止"，已经本末易位；同时，与孟子所谓的"民为贵，社稷次之，君为轻"，也相去甚远。有趣的是，荀子在回答秦王有关儒者居于上位将会有何表现时说："行一不义，杀一无罪，而得天下，不为也。"这句话其实是孟子描写孔子的政治理想时所说过的话，见于《孟子·公孙丑上》。由此可见荀子的博学，但也因而使他自己的思想不易形成完备的系统。以下专就天论来说。

天即自然界

"天"在古代是一个重要的概念，这由帝王称为"天子"可知。

天有丰富含义，其中包括自然之天，但先秦各派哲学中，首先以天为自然界的专名来使用，并且习惯以"天地"并称来描写自然界的，主要是道家的老子与庄子。道家的特色是"以道代天"，肯定道是万物的来源与归宿，而天则主要指称自然界。儒家方面呢？孔子与孟子从未把天仅仅看成自然之天。到了荀子，情况变了。

荀子的《天论》，主张天是自然之天，人不必对天有任何期待。自然之天按照一定的规律而运行，所谓"天有其时，地有其财，人有其治"。世间的治乱祸福，完全在人自己；但人可以利用对自然规律的认识与掌握，使天地万物为人服务。荀子在《天论》中有一段话念起来气势磅礴，有如宣言，深受今日科学主义者的喜爱。

> 大天而思之，孰与物畜而制之？从天而颂之，孰与制天命而用之？望时而待之，孰与应时而使之？因物而多之，孰与骋能而化之？思物而物之，孰与理物而勿失之也？愿于物之所以生，孰与有物之所以成？故错人而思天，则失万物之情。

意思很清楚：与其推崇天、歌颂天、期盼四时而等待万物，不如控制之、使用之、改造之、把握之。我们可以欣赏荀子的观点，但是他的做法不只是以天为自然界，同时也否定了天有自然界以外的含意。这里做个简单的比较：老子把天看成自然界，但他另外标举一个"道"字作为超越天地之外的根源；荀子也把天看成自然界，但此外别无根源可言。如此，荀子的思想成为一个封闭的系统，人的外在是一个有限的自然界，人的内在是生物本能加上理性思考的能力。

以礼之中的祭祀为例，荀子说："其在君子，以为人道也；其在百姓，以为鬼事也。"（《荀子·礼论》）意即：百姓所信的"人死为鬼"，其实是一厢情愿的念头而已。古代常以卜筮来决定大事，荀子说："故君子以为文，而百姓以为神。"（《荀子·天论》）意即：百姓以为真有神明，而其实只是君子用来文饰的方法而已。

荀子思想以理性为本，显示某种科学心态，当然有其特色与优点。不过，我们要考虑的有两点：一是荀子本人的思想能否构成完整的系统？譬如，他主张"君子畏患而不避义死"，但又声称："权利不能倾也，群众不能移也，天下不能荡也。生由乎是，死由乎是，夫是之谓德操。"（《荀子·劝学》）试问：这里两个"死"字要如何理解？如果"天"只是自然界，而"鬼"与"神"只是百姓心中主观愿望的投射，人死之后什么都没有了，那么人活在世间有必要为任何理由（如义与德操）而牺牲生命吗？其次要考虑的是：荀子的"天"与孔子、孟子的"天"有何不同？

孔孟所谓的天

这个问题在对孔子与孟子的介绍中已经做了说明，在此只是摘录要点，与荀子做个比较。

孔子"述而不作，信而好古"，对于《诗经》《尚书》等古代经典中"天"的概念，不但相信，并且传述。他也有创新之见，就是"知天命"。古代只有天子受天所命，能知天命的自然只有天子一人。到了孔子，人人皆有可能"知天命"。他自己"五十而知天命"，也认为君子应该"知天命"与"畏天命"。我强调孔子"六十而耳顺"一语中的"耳"字为衍文，应该是"六十而顺"，所顺者即是天命。理由之一是：天既然有所命，则人应该"知之""畏之"，然后再"顺之"。否则天命没有落实的机会，人又何必知之与畏之？孔子两度遭遇生命危险，他公然宣称"天之未丧斯文也"与"天生德于予"，这是因为他自认是天之木铎，正在顺天命而推行教化。

这种天命的普遍意义应该与"人性"一并考虑，才有可能真正落实，亦即：凡人皆有人性，而人性向善就是天命的具体表现，亦即要求人要行善以完成天之所命。至于个别人的特定天命，则须配合机缘。孔子未能实现其天命，但是他"知其不可而为之"，充分肯定了人的尊严与价值。

孟子的天命观得自孔子的启发，所以他有强烈的使命感。天下能否平治，要看天命的安排，君子只能"行法以俟命"。孟子相信，如果要平治天下，"当今之世，舍我其谁"？不仅如此，只要读到他说"天将降大任于斯人也"这一段话，即可肯定：不论具体的遭遇如何，每个人都有或大或小的天命。就算是个平凡人，也必须切记"人皆可以为尧舜"，亦即人性向善，此乃天之所命，要求人择善固执以成为君子，使人生意义得以体现。

接受孔子与孟子的天命观，才能领悟"人性向善论"的真谛，并且可以坦然表达"杀身成仁""舍生取义"的信念。因此，以孔子与孟子代表原始儒家的立场，在理论上没有任何问题，而荀子思想显然已转向他途。

荀子的影响

诚如荀子所说，他所了解的儒家对君主的统治是极有帮助的，不论这个君主是好是坏。自秦始皇统一中国之后，帝王专制成为常态的政治现象。在帝王专制之下，儒家的三点外在特色（尊重传统、关怀社会、重视教育）使其学者成为巩固统治阶级最好的帮手，而统治者采行的主要是法家思想。这即是"阳儒阴法"的历史事实。

谭嗣同在《仁学》中指出："二千年之政，秦政也；二千年之学，荀学也。"意即：帝王专制再怎么粉饰，也都与秦始皇的作风差不多；儒家学说再怎么教导，也不外乎荀子思想那一套。两千多年来，中国人打着儒家的招牌，但孔子与孟子的真知灼见早就湮没无存了。试问："三纲五常"是孔子与孟子的想法吗？科举考试所用的儒家教材可以代表孔子与孟子的观点吗？

34

韩非的法家：
最大的盲点在于迁就
现实的君主

韩非综合"重势、重术、重法"三派，集法家之大成。他上承荀子教诲，又注解老子文本，形成非儒非道的现实主义，以君主为圣人，以法律为治术，寻求富国强兵以安定天下。自秦始皇采行帝王专制之后，历代帝王皆取法家手段以尊君卑臣、剥削百姓，而儒家沦为招牌。

　　韩非（约前 280—前 233）最初师事荀子，与李斯同学。他接受荀子教导，肯定人性为恶，亦即人皆自私自利，必须经由教化约束，才可行善，但他也明白政治的目的在于安顿百姓。如何协调这两点？这要靠荀子所推崇的礼义。但礼义在乱世收效甚微，且旷日持久，韩非乃决定不如改采"刑名法术"。我们且由他接受道家思想的启发谈起。

人的价值沦为竞逐世间的利益

　　《史记·老子韩非列传》说韩非"喜刑名法术之学，而归本于黄老"。《韩非》中有《解老》《喻老》两篇，认真就《老子》的某些章句详加诠释并举例说明。老子的"道"原本具有超越界的意涵，如"先天地生……独立而不改，周行而不殆，可以为天下母"（《老子·第二十五章》），到了韩非手上，则取消其超越性，使道成为封闭的自然界中的规律，如"道者，万物之所然也，万理之所稽也"（《韩非·解老》）。万物是如此模样，万物的法纪或规则是如此制定，都可以推源于道。这个道并无超越义，因为物各有理，理各有道，"万物各异理而道尽"，亦即物尽则道亦尽。这句话显然已属韩非的新解。排除了超越界，人所能成就的价值全在竞逐世间的利益。韩非由此转其焦点于如何把握法纪或规律，以收富国强兵之效。

　　老子强调顺应自然，无为而治。韩非也以"各处其宜，上下无为"（《韩非·扬权》）为目标。这个"上"（君主）现在成为"道"

的化身。道要"与世周旋"，亦即君主要掌握"有国之术"（《韩非·解老》）。此所谓"术"，即"二柄者，刑德也"（《韩非·二柄》）。韩非由此转向研究当时流行的各派法家观点，对"重势、重术、重法"皆有所批评也有所取舍。

综合三派法家观点

首先，所谓"重势"，即指以权位为重。管仲与慎到皆有此见。如管仲说："明主之在上位，有必治之势，则群臣不敢为非。……处必尊之势，以制必服之臣……尊君卑臣。"（《管子·明法解》）慎到则说："尧为匹夫，不能治三人；而桀为天子，能乱天下。吾以此知势位之足恃而贤智之不足慕也。"（《韩非·难势》）韩非依此认为："位高权重"固然深具威力，但如果专言势，则贤者可以治天下，不肖者却足以乱天下。他说："势者，养虎狼之心，而成暴乱之事者也，此天下之大患也。"（《韩非·难势》）夏桀、商纣之亡国，即是显例。

其次，所谓"重术"，是指君主用来制臣的技术。《韩非·定法》引述申不害之说："术者因任而授官，循名而责实，操生杀之柄，课群臣之能者也。"但是，专言术而忽略法，收效有限，所以韩非主张"君无术则弊于上，臣无法则乱于下。此则不可一无，皆帝王之具也"。君主用术，还须看他智慧够不够，能否知人善任、深谋远虑。我们怎能期待所有的君主都具有这种条件呢？

再者，所谓"重法"是指制定严刑峻法，且令出必行，为臣下所必守，百姓所必遵。商鞅可为此派代表，韩非推崇他的政绩说："孝公行之，主以尊安，国以富强。"（《韩非·和氏》）但是，韩非也指出：专为功利而设的法，其产生的结果未必理想，譬如：

勇敢杀敌而有军功者可以升官，但升官之后要治理百姓则需要不同的才干。他说："以勇力之所加，而治智能之官，是以斩首之功为医匠也。"（《韩非·定法》）经过对"重势、重术、重法"三派思想的研究，韩非提出了自己的看法。

非儒非道的现实主义，使儒家沦为招牌

韩非处在战国时代末期，眼见天下大乱、争战不休，自然希望提出一套治国方案。这套方案首先必须能够富国强兵，否则国家灭亡，再好的理想也是空谈。他受学于荀子，又钻研老子学说，对于儒道二家的思想皆有所体认，因而设定了完美的政治目标。他在《大体》中说得相当动听："故大人寄形于天地而万物备，历心于山海而国家富。上无忿怒之毒，下无忧怨之患，上下交顺，以道为舍。故长利积，大功立，名成于前，德垂于后，治之至也。"

目的很好，那么手段呢？为了达到好的目的，可以不择手段吗？或者，以韩非提供的法家手段，有可能达成其目的吗？这才是问题所在。

法是求治的手段，目的是上下无为的至治之世。因此，这种法必须对全民有利，其特色应该是出乎自然、循乎天道、依乎成理。他受荀子启发，先肯定"礼"的根据是"体天地、法四时、则阴阳、顺人情"，这四句描述见于《礼记·丧服四制》，被称为"礼之大体"。韩非思想的架构亦见于他的《大体》一篇。能够全其大体的是理想中的圣人，圣人造成治世。天下大乱是因为有些人违背自然之理，于是必须制"法"以纠正。他说："不以智累心，不以私累己。寄治乱于法术，托是非于赏罚，属轻重于权衡。"

最有效的治理方案，是不须让人费心尽力，有"法术"即可。

法是核心，术是君用来制臣的，而赏罚与权衡皆为法之运作成效。他在《定法》篇对"法"的界说是："法者，宪令著于官府，刑罚必于民心，赏存乎慎法，而罚加乎奸令者也。此臣之所师也。"

于是，君有术而臣守法，同时还须凭借君之势（权位）作为执法的推动力。以现代的观念来说，国家需要制定一套合乎天理与人情的法律，其中的具体条文是臣民所应共同遵守的。君主以其至高的权势督导责成法的执行，并且以其高超的智慧展示深不可测的用人之术，以保障法之长期而普遍的落实。

韩非有关"法"的论述并无不妥，但是他对君主的期望则流于天真。这固然受战国时代君权独大的现实情况所影响，但也可能是他误解了老子所谓的"圣人"。在老子笔下，圣人是"道的化身"，代表悟道的统治者，他有至高的智慧与完美的品德。但是在韩非心中，眼前的君主既然是个统治者，则必须视之为圣人，别无选择余地。他身为学者与臣下，只能著书立说来描绘这种至治境界。

他笔下的"至安之世"是这样的：法律清楚明确，百姓守法而"心无结怨、口无烦言"，人人安居乐业，没有战争也没有强盗，不必奢望留名千古与造福后世（《大体》）。

以韩非的治国方案而言，最大的盲点在于迁就现实中的君主。自古以来，智德兼备的君主极为罕见，但"法、势、术"皆在其手中并为其所用，若是误用与滥用又该如何加以节制？并且，依法而治只能规范百姓的言行，使他们着眼于利害得失，而无法鼓励他们以积极心态去修德行善或造福社会。这样的法号称要顺乎天理与人情，但是韩非所知的天理只是自然界的客观规律，他所知的人情也只是趋利避害的本能而已。所知如此局限，所说又怎能真正回应人心的要求？充其量只是投合了具有野心的君主而已。

秦王（后来的秦始皇）读到韩非的《孤愤》《五蠹》二文，不禁感叹："嗟乎，寡人得见此人与之游，死不恨矣！"（《史记·老子韩非列传》）韩非在韩国本来不受重用，等到秦国攻韩而情势危急时，韩王才派他出使秦国。秦王虽然高兴但未能信任他，加以李斯等人进谗说韩非终究忠于韩国，为免后患，不如诛之。秦王同意，稍后又后悔，但李斯已使韩非服毒而死了。

韩非本为韩国王室公子，他所遇的韩王与秦王是什么样的君主？他值得为这样的君主效劳献策，帮他们治理国家，为他们巩固权力吗？身为专制帝王，秦始皇当然欣赏韩非的方案。秦国历代以来借着各派法家学者的建议，得以改革及兴盛，进而兼并各国统一天下。秦王号称始皇帝，自信可以永保基业，但不过在短短十五年的时间，传到二世就灭亡了。继起的朝代保持帝王专制的政治结构，仍然采用法家那一套"尊君卑臣"的办法，只是表面上打着儒家的旗帜而已。韩非的理想固然不可能实现，而儒家的思想也自此蒙尘而面目难辨。

3.5

三纲五常：
并非儒家思想

帝王专制政体标榜"三纲"，而儒家主张"一本"（父子关系）。"五常"源自孟子四端之说，多加的"信"字没有着落。"三纲五常"为汉代学者的创作，演变到后代成为"礼教吃人"，其实与孔孟之道是两回事。

　　秦始皇统一中国，肇始了帝王专制的政体。汉代承袭此一政体，再以儒家作为教化百姓的工具，宣传"三纲五常"的观点，借以稳定社会秩序，巩固统治者的利益。这明显是"法家化"的儒家学者之所为，但深为历代帝王所喜，故积极推广，以致后代许多读书人未经深思，不但接受此说，还进而论证其为三代已有。

　　南宋朱熹在《四书章句集注》中，注解《论语·为政》"十世可知也"章，指出"三纲，谓君为臣纲，父为子纲，夫为妻纲。五常，谓仁义礼智信……三纲五常，礼之大本，三代相继，皆因之而不能变"。他认为"三纲五常"是三代（夏、商、周）早已成立的普遍观念，而事实上根本不是这么回事。本文要指出原始儒家（以孔子、孟子为代表）并无这种观念，也不会赞同这种观念。

"三纲"是帝王专制政体的护身符

　　"三纲"所指为"君为臣纲，父为子纲，夫为妻纲"，所肯定的是三种基本的人际关系"应该"如何。儒家固然把善界定为"我与别人之间适当关系之实现"，但从未规定某些人际关系有固定的或绝对的主从形式，亦即不问是非对错，只要拥有"君、父、夫"之名，即可主导或规范相对的"臣、子、妻"。

　　先说君臣。孔子主张"君使臣以礼，臣事君以忠"，可见君臣各有相对的义务。他劝子路在做官时，对长官要"勿欺也，而犯之"（《论语·宪问》），亦即在必要时犯颜直谏；他宣称所谓的"大臣"是"以道事君，不可则止"。而孔子本人正是如此，他周游列国，希望得君行道。这是"合则来，不合则去"的表现，与"君为臣纲"毫不相契。

接着，孟子的立场更为鲜明。他的"民贵君轻"之说直接冲撞了后代的帝王专制思想。他倡导的"君臣相对伦理观"，今日听来依然铿锵有力，他说："君之视臣如手足，则臣视君如腹心；君之视臣如犬马，则臣视君如国人；君之视臣如土芥，则臣视君如寇雠。"（《孟子·离娄下》）专制帝王岂能容忍这种言论？他还坚持百姓有革命的权利："贼仁者，谓之贼；贼义者，谓之残；残贼之人谓之一夫；闻诛一夫纣矣，未闻弑君也。"当国君对待百姓既无仁爱也无正义时，他只是个残贼的独夫，谁还要以他为纲？杀之可也。

再说夫妻。儒家很少谈到夫妻一伦，或许是在古代宗法制度之下，夫妻角色已定。结为夫妻，一方面为了传宗接代，另一方面男主外、女主内，并且女子未受充分教育而无法独自生活。影响所及，有贵族的一夫多妻，也有构成离婚要件的七出之条，致使妻的地位较少保障，既要"以顺为正"（《孟子·滕文公下》），又要"从一而终"（《易经·恒卦六五·象传》）。但别忘了孟子也有一篇短文，描写齐人之妻妾如何"不耻"其良人的作为（《孟子·离娄下》）。因此，"夫为妻纲"在古代社会或许有其存在的条件，但并非儒家的主张。孟子不谈"三纲"，而强调"五伦"："父子有亲，君臣有义，夫妇有别，长幼有序，朋友有信。"（《孟子·滕文公上》）

再说父子。这是儒家所坚持的"一本"或"一纲"。"一本"的观念来自孟子，他批判墨家的"二本"：既要孝顺自己的父母，也要孝顺别人的父母。墨家的兼爱之说听起来很美好，但是要人以同等的爱心去普遍爱护众人，在事实上是违反人情，根本不可行的。较早的孔子，立场如何？当别人问他为何不从政时，他说：只要做到孝顺父母与友爱兄弟，再向外推广此一风气，即是从政了。（《论语·为政》）他认为父子相处时，若是子女见到父母可能犯错，要委婉劝阻；如果父母不听，子女要"又敬不违，劳而不怨"（《论语·里仁》）。这句话可以作为"父为子纲"的参考。

那么，"三纲"之说由何而来？首先，从五伦中挑出三伦，出自荀子之手，他说："若夫君臣之义，父子之亲，夫妇之别，则日切磋而不舍也。"（《荀子·天论》）到了西汉的董仲舒，以天地阴阳之说来附会这三种关系，所谓"君臣父子夫妇之义，皆取诸阴阳之道"，如：天为君而地为臣，阳为夫而阴为妇，春为父而夏为子。他称这三者为"三纲"。《纬书·含文嘉》演绎董仲舒思想，清楚定出"君为臣纲，父为子纲，夫为妻纲"之说。东汉班固的《白虎通》正式确立了"三纲"，这才使其成为后儒所遵奉的天经地义。然后，帝王专制政体取之以为护身符。由此可知，"三纲"并非儒家思想，那么"五常"呢？

"五常"乃汉代学者配合帝王需要拼凑而成

"五常"一词最初另有所指。《尚书·泰誓》首先谈到"五常"，亦即"父义、母慈、兄友、弟恭、子孝"，所说的是家庭中五个成员各自应有的行为表现。到了董仲舒，才出现后代习见的"五常"之说，《汉书·董仲舒传》记载其语曰："夫仁谊（义）礼知（智）信，五常之道，王者所当修饰也。"统治者推广五常之道，使百姓修德行善，做个循规蹈矩的良民，天下不是长治久安了吗？但是，这种"五常"观念并非儒家的想法。

众所周知，孟子提出"心之四端"之说，认为人皆有"恻隐之心、羞恶之心、辞让之心、是非之心"(《孟子·公孙丑上》)。这四端在存养充扩、付诸实践时，就会做出四种善：仁、义、礼、智。因此，儒家可以说"四常"，但未言"五常"。董仲舒是西汉人，讲究天人相应，他深受阴阳五行之说的影响，所以一定要凑成"五"之数，于是加上了"信"，成为"五常"。但是，这一加就出了问题，因为孟子的四善与"信"不可相提并论。并且，这在孔子即有如此看法。

在《论语·子路》中，子贡请教何种表现可以称为"士"，孔子给了由好往下的三等评价，其中第三等是"言必信，行必果，硁硁然小人哉！"孔子认为"言必信，行必果"是小人，问题显然出在"必"字。孔子向来肯定"信"的价值，这在《论语》中随处可见，但是，随着"必"字可能带来的困扰，我们也必须思考"信"字可能产生的难题。所谓"信"，即指"有约在先，必须守信"，在约与信之间有一段时间差，期间可能发生各种无法预料的状况。如果"言必信"，就是无视于"彼一时也，此一时也"的情况改变，有如拘泥固执甚至愚昧糊涂了。

孟子引申孔子观点说："大人者，言不必信，行不必果，惟义所在。"(《孟子·离娄下》)由此可知，守信必须合义，而信与义不可等量齐观。"五常"中既有"义"在其中，则没有理由也没有必要再加一个"信"字。没有人会质疑或否定"信"的重要，但是在分类时，却不应与孟子所谓的四善并列为五。简单说来，人若实践"仁义礼智"，则"信"自然不是问题，别的许多德行，如"恭宽信敏惠"(《论语·阳货》)也都会在合适的时候以合宜的方式来完成。

孔子认为自己与古代七位贤者的作风不同，他是"无可无不可"(《论语·微子》)。这种作风不是一个"信"字可以约束的。

孟子强调守经达权，他声称："执中无权，犹执一也。所恶执一者，为其贼道也，举一而废百也。"（《孟子·尽心上》）在走上人生正道时，必须由"义"（适当与正当）来衡量，运用高度的智慧，保持因时制宜的弹性。孟子推崇孔子为"圣之时者"，正是因为孔子仁智兼备，当清则清，当和则和，当任则任，所以成为集大成者。既然如此，"信"又怎能与"仁义礼智"并列为五常呢？

汉代学者配合帝王的需要，拼凑成"三纲五常"的教条，借口儒家的名义，用以教化百姓，使儒家俨然成为专制政权的守护者。这件事的责任不能归咎于儒家，因为儒家才是真正的受害者。总之，中国两千多年以来，表面上好像推尊孔子为至圣先师，事实上自孟子以后儒家学说并未真正得到发扬的机会。荀子已偏离其道，汉儒视之为统治手段（儒术），宋明儒者的注解经典依然让人失望。我们且将这一切怪罪于帝王专制所造成的恐怖扭曲吧！

36

道教：
依托于古代的民间信仰

道家始于老子，其年代早于道教七百多年。道家是体大思精的哲学，置于世界思潮也占有一席重要地位。道教是吸收多种民俗信仰，再长期形成其教义、仪式、戒律的本土宗教。哲学与宗教各有作用，不宜混同。

　　道家认为，人只要觉悟"道是万物的来源与归宿"，就可以从根本上化解生命中的烦恼与痛苦。这种观念带给人莫大的希望，尤其在乱世中更是如此。但是，多少人能有这样的智慧呢？为了孕生这种智慧，又需要多久的身心修炼呢？道家所立的境界太高，以致追随者各就所知、各取所需，衍生出文化发展上许多难以预料的结果。

　　譬如，魏晋时代的哲学称为"新道家"，这是因为政治形势太过险恶，儒家学者往往白白牺牲，于是读书人转而谈玄说理，以《老子》《庄子》《易经》为三玄，说些不着边际的话。比如宇宙中最根本的元素是"有"还是"无"，圣人有情还是无情……这些讨论并未涉及现实问题，至少可以让人明哲保身。此外，这个时代还有两件大事：一是佛教传入中国，需要沟通许多观念，形成了"格义"（分辨字词意义）之学；二是中国本土所产生的道教，已经初具规模并渐成气候。而道教与道家的关系也是个复杂的问题。

《世说新语》中的两则轶事

　　《世说新语》为南朝刘义庆（403—444）所撰，内容描写魏晋名士的玄虚清谈与奇特行为。我先引述两段资料，说明道家思想如何被人误用，以及道教开始流行的状况。

　　"竹林七贤"是指阮籍、嵇康等七位学者，他们常在竹林中聚会，尽情饮酒畅谈，言行不依礼教，常有惊人之举。在《世说新语·任诞》中有一节说：

刘伶纵酒放达，或脱衣裸形在屋中。人见讥之，伶曰：
"我以天地为栋宇，屋室为裈衣，诸君何为入我裈中？"

他以天地为房屋，这显然出于庄子的启发；但是他以自宅为裤子，则完全违背庄子随顺世俗的教导。影响所及，道家成为轻视规范、放浪形骸的借口。

其次，当时道教开始流行，许多士大夫成为信徒。《世说新语·术解》有一节说：

郗愔信道甚精勤，常患腹内恶，诸医不可疗。闻于法开有名，往迎之。既来便脉，云："君侯所患，正是精进太过所致耳。"合一剂汤与之。一服即大下，去数段许纸如拳大；剖看，乃先所服符也。

原来郗愔的腹痛，是因为吞了太多道教的符箓，造成消化不良所致。吞符箓是为了消灾解厄保平安，结果反而带来让群医束手的毛病。这其中显然有迷信的成分。那么，道教的形成与发展是怎么回事？它与道家的关系又如何？

道教的形成背景

道教是中国的本土宗教，东汉末期出现在历史的舞台上。其时代背景有三：一是天下渐乱，政治上内戚与宦官争权，经济上民生凋敝、百姓流离失所；二是统治阶级长期以来相信天人感应，百姓亦随之向往非理性的事物，如董仲舒《春秋繁露》也写到《求雨篇》；三是东汉明帝之后，佛教传入中国，直接刺激了民间信仰，使本土宗教应运而起。

道教综合并吸纳本土文化中各种相关要素，包括：

1. **巫术**　巫是古代以歌舞与鬼神进行沟通的人，自殷商以来享有很高的社会地位。屈原在《九歌》中描写了女巫降神的生动场面。到了秦汉，巫风依然盛行，巫术可以为人祈福、禳灾、治病，也发展出符箓、禁咒与幻术。

2. **神仙与方术**　春秋战国时代出现神仙家，相信经由修炼可以使人长生不死。他们利用战国末期邹衍提出的阴阳五行相生相克之说，使其理论更为完备。所谓神仙，在《庄子》《楚辞》《山海经》中都可以找到大量素材。

3. **黄老思想**　黄帝代表古代的文化超人，老子则是道家的始祖。汉代初期并称"黄老"，以别于儒家积极进取的统治观念。黄帝并无著作，因而《老子》书中有关清静无为、少私寡欲、抱一守朴等修养方法，以及谷神不死、长生久视、有生于无等近似神仙的描述，受到道教的推崇，并援引老子为其教主。

4. **谶纬神学**　西汉后期，流行谶纬之说。"谶"指宗教式的预言，"诡为隐语，预决吉凶"，常配有图，又称图谶。"纬"是对儒家的"经"进行解释与比附的作品。最早的谶语是《史记·项羽本纪》所载的南公之谶"楚虽三户，亡秦必楚"。此后各种谶语使人目眩神迷。儒生们以谶纬"神化"孔子，道教则以之"神化"老子。如东晋葛洪《神仙传》谓老子之母"感大流星而娠……怀之七十二年乃生，生时剖母左腋……"

5. **墨家思想**　墨子"尊天明鬼"的信念影响了道教的符箓派

与丹鼎派，其"兼爱尚同"的观念也被融入道教著作《太平经》之中。

道教的具体呈现

由此可知，从战国初期到东汉末期约六百年之间，是道教的酝酿期。此时道教的前身为方仙道与黄老道。

方仙道是指一群掌握不死仙方并追求长生不死的人。他们原先只有方术，后来吸收了阴阳五行之说。《史记·封禅书》说："及秦帝而齐人奏之……为方仙道，形解销化，依于鬼神之事。"此道尚非正式宗教，集大成者为汉初淮南王刘安，他曾"招致宾客方术之士数千人"写了二十多万字的"神仙黄白之术"。"黄白"是指炼丹所成的黄金白银，此术后来为道教丹鼎派所发展。

黄老道是黄老学与方仙道结合的产品。汉初推行黄老政治，视之为"君人南面之术"。后来汉武帝听从董仲舒的建议，"罢黜百家，独尊儒术"，黄老学在政治上失势，开始与方仙道结合，注重修真养性，而《老子》一书才备受重视。汉成帝时，严君平作《道德指归》，是最早注疏《老子》的书。东汉末期出现《老子》的《河上公章句》，以神仙思想与道教方术来进行诠释，老子其人开始被信徒"神化"。到了东汉桓帝，老子作为"先天地而生的神"的形象已经确立。此时也出现了"太上老君"的尊号。三国初期张鲁的《老子想尔注》说："一者，道也""一散形为气，聚形为太上老君"。

道教正式立教，是在东汉顺帝（125—144）时，张陵在蜀郡鹤鸣山创立"五斗米教"。《三国志·张鲁传》说，张陵"造作道书以惑百姓，从受道者出五斗米，故世称米贼"。其孙张鲁后来占据汉中，又攻占巴郡，"雄据巴、汉，垂三十年"。此时道教组织渐趋完备，张鲁自号"师君"，学道有成者为"祭酒"，初学者称为"鬼卒"。祭酒各领部众，在其辖区设有义舍，放置食物供人取用。信徒必须守诚信，有病则需首过（自首其过错），或施以其他刑罚；另有春夏禁杀以及禁酒等规定。

稍后出现了道教的另一派，即太平道。东汉灵帝初期，巨鹿人张角"以善道教化天下，转相诳惑，十余年间，众徒数十万"。张角在汉灵帝中平元年（184 年），以"苍天已死，黄天当立，岁在甲子，天下大吉"为口号，发动黄巾起义，一时天下响应，京师震动。但未及一年就失败，随之组织瓦解，信徒则转入五斗米教，或称五斗米道。

道教的发展

五斗米道改名天师道，应在东晋中期。依史籍所载，士大夫如郗愔、何昙等，皆信仰天师道。到了北魏，天师道士寇谦之宣称太上老君授他天师之位，要他"清整道教，除去三张伪法，租米钱税，及男女合气之术"（《魏书·释老志》）。在南方，刘宋道士陆修静也进行了改革。他整理道教经书，编辑三洞经书目录，制定斋醮礼仪、内部戒律以及宅箓与道官升迁制度。道教自此由民间宗教蜕变为士族宗教，随着政治的变迁而浮沉。道教在不同时代与地区，也发展出许多宗派。

扼要说来，道教不论何宗何派，都会包含三项内容，即：符箓、丹鼎与心性修炼。其宗旨在使人身体健康、消灾解厄、善度此生、修行成仙。其渊源依托于古代以来的民间信仰，但在应用时，总是考量现实需要，讲求具体效益，因而缺少宗教所必须具备

的超越性格。作为本土宗教，道教值得我们珍惜与重视，但是若要
将它提升为普世宗教，则在教义、仪式、戒律等方面仍有改善的空
间。理由很简单：宗教为人而设，但其目的却是为了超越人的各种
限制。

37

佛教:
不再轮回的涅槃境界

佛教为普世宗教,不受时代与国家限制。宗教必有教义,直接陈述难以理解的根本道理。正因为难以理解又无法验证,所以信与不信全在个人自己的抉择。我们尊重一切正派宗教,尤其对于传入中国近二千年的佛教教义也应有所认识。

佛教为普世宗教之一。在此，"普世"意指某种信仰不受时空限制，可以普遍回应世人至深的需求；"宗教"意指某种信仰之体现，形成明确的教义、仪式、戒律、教团与学理。那么，世人至深的需求是什么？是摆脱痛苦、罪恶、死亡的威胁，使个人生命得到安顿。这种安顿称为解脱或救赎，总是指向某种超越界。在佛教看来，此一超越界即是不再轮回的涅槃境界，亦可名为一真法界。

佛教为印度释迦牟尼（约前565—前486）所创。当时印度的社会处境是：种族复杂、阶级严明、战乱频仍、民众穷困，而传统的婆罗门教仍为主导的信仰。释迦牟尼出身武士阶级，修行六年，悟得正道，创立佛教。"佛"的原意是"觉者"，人人皆可觉悟成佛。佛教对于传统印度教有批判也有继承：他批判三大纲领，即所谓的吠陀天启、祭祀万能与婆罗门至上；它继承的是因果报应、业报轮回与追求解脱的信念。

佛教在印度历经兴衰，同时也向外传播。到了公元十世纪，佛教在印度本土遭到驱逐，但是经由西域传入中国的一支渐趋兴盛，受到统治阶级与百姓的欢迎，进而大放异彩，演变为中国大乘佛教，与中国传统的儒家与道教，并称为"儒释道"三教。佛教的基本教义是什么？它传入中国之后，如何吸引了广大的信众？

佛教的基本教义

宗教必有教义，由此直接宣布真理，这种真理超越理性思考范围，并且对人生经验提供根本的解决之道。人生经验用一句话来说即变化不已，人有生老病死，物有成住坏空，国家也有兴盛衰亡。佛教称此为"无常"。

佛教有"三法印"：诸行无常，诸法无我，涅槃寂静。其意为三项印证的观点，包括：人的意欲与活动常在变化之中，永远在追求新的目标，这种无常使人陷于无尽的苦恼；但是一切存在之物并没有真实的本体，都是因与缘所组合成的现象，其本质是空的；能够觉悟以上两点，就可以消解业报，不再轮回转世，登上涅槃，回归寂静。

具体说来，则展开为"四谛""八正道"与"十二因缘"。

四谛为四项真理，就是"苦、集、灭、道"。

1. **苦谛**是说世间一切皆苦，人活着不能没有意念与欲求，由此生出八苦：生、老、病、死、爱别离、怨憎会、求不得以及五蕴炽盛（由色、受、想、行、识所造成的身心烦恼）。

2. **集谛**是要探究苦的原因，发现一切存在皆由某些条件"集合"而成，亦即由因缘和合而生，但是人对此无明而自寻烦恼，制造身、口、意三业，并因而陷于六道轮回（天、人、阿修罗、畜牲、饿鬼、地狱）之中。这里涉及佛教的缘起论，要点有三：果从因生（凡发生之事皆有其原因）；事待理成（事物或事件之发生与演变皆有其规律，如十二因缘之环环相扣）；有因空立（凡存在之物皆基于非真实的空），所谓"地、水、火、风"是四大皆空，本体如此，现象界更是全属虚幻。

3. **灭谛**是要灭除烦恼与束缚，化解对自我的执着，由此免于六道轮回，进入清静涅槃的胜境。

4. **道谛**是指具体的灭苦方法，亦即"八正道"。

八正道的内容是：

1. **正见**：正确的见解，即接受佛陀的教训，如缘起论、四谛等。
2. **正思维**：正确的意念，这是针对意业而言，起心动念即须戒惕，要去除执着、自私的念头。
3. **正语**：针对口业，要做到不妄言、不绮语、不两舌、不恶口，说话合乎规矩。
4. **正业**：针对身业，要做到不杀生、不偷窃、不说谎、不邪淫、不饮酒；同时要勤于布施，清净言行。
5. **正命**：选择正当职业，生活合乎规范。
6. **正精进**：正确地修行，依佛法而为人处世，毫不松懈，使身心趋于完善。
7. **正念**：配合前述的正见与正思维，念念不忘佛法，以求完全抛弃对自我的执着。
8. **正定**：坚定不移地相信佛法，不再迷惑与恐惧，完全掌握精神状态，有如禅定而接近解脱。

以上八正道可以综合为"戒、定、慧"三要点，是佛教的修行之途。

十二因缘是说众生是由十二种因缘会合而成，这些因缘又依序处于三世流转之中，亦即由过去因造成现在果，又由现在因造成未来果。首先，过去世的二因是：

1. **无明**：不知佛法教义，不明善恶因果，由贪嗔痴"三毒"带来困惑与烦恼，具体表现即是我执，以虚为实，以幻为真。

2. **行**：由无明而造成善恶诸业（凡是出于自我意识而有心做出的言行，并产生影响及后果的，不论善恶，皆称为业）。由上述二因所产生的是今世的五果。

3. **识**：由过去的言行累积为一定的业，转世投胎为现在的生命，所谓"含识而生"即是此意。

4. **名色**：投胎后的身心状态，逐渐具有知觉能力。

5. **六处**：胎儿的眼耳鼻舌身意，外物由此进入人的生命，又称六入。

6. **触**：经由六处接触外界，产生初步的认识。

7. **受**：由接触而生苦、乐、爱、憎等感受。接着，人在今世又制造三因。

8. **爱**：由感受而生求乐避苦、贪爱不舍的欲望。

9. **取**：由爱而生对外物的索取或占有。

10. **有**：执着于自我，在言行上造业，由此形成来世之因。最后，出现未来世的二果。

11. **生**：今世的业必将带来轮回，使人在来世再生。

12. **老死**：来世也将老病而死，并且将在完全消除业障之前，一直依序轮回下去。

以上是原始佛教的教义，后来发展出的小乘、大乘、金刚乘各派，以及其中各宗的说法，皆以此为本。

佛教：中国文化的一个组成部分

依《后汉书》所载，东汉明帝永平七年（64年）的某日，明帝梦见金人在殿前飞翔，次日询问群臣，太史傅毅答以在天竺（印度）有得道的佛出现。于是明帝派遣使者赴西域求法，带回了僧人、佛像与经书，然后在洛阳建立白马寺，并开始了长期而庞大的译经工程。

初期的译经数量不多，水准也不够理想，但已吸引了各阶层的信徒，并增加了知识分子思考与讨论的题材。中国人开始正式接触一个系统完备的宗教，可以回应人生的根本问题。译经工作持续了一千年，佛教随之发展壮大，成为中国人的心灵支柱之一。最初在魏晋时代，重点虽在"格义"，但已出现"六家七宗"，各有见解，相互论辩，可见佛教引起了知识分子的广泛兴趣。

许多杰出的中国人出家修行，使佛学中国化顺利进行。这些人本身具备儒家与道家的基本观念，往往在研究佛学时能提出高明见解。譬如，来自西域的鸠摩罗什（344—413）是伟大的译经家，他的弟子竺道生根据有限的资料，"剖析经理，洞入幽微，乃说一阐提人皆得成佛"（《高僧传》）。他为此受到同道排斥，视为邪说。但不久《大涅槃经》译本传至南方，证实了一切众生皆可成佛，而他所谓"一阐提人"（恶根极深者）当然也有佛性。这种观点与儒家所谓的人皆可以成为君子或圣人，不是完全相应吗？但是，目的相应并不表示途径相似。

即使在中国佛教内部，也有八大宗派并立，依其出现顺序为：天台宗、三论宗、唯识宗、华严宗、净土宗、禅宗、律宗、密宗。这些宗派各有法门也各擅胜场，在不同时代与地区，对不同阶层的人产生不同的影响。人多势众之后，在政治上受到瞩目，自然也会受到排挤。历史上出现过四次较大的排佛事件，即第五世纪的北魏太武帝，第六世纪的北周武帝，第九世纪的唐武宗，以及第十世纪的后周世宗。排佛的结果往往是寺庙院塔被拆被毁，僧人逃逸或还俗。但是佛教的学说与修行已经深入人心，成为中国文化的一个组成分子。

佛教的根本立场是要人破除执着、出离世间，这与中国原有的儒家及道家大异其趣。尤其儒家与统治阶级向来有着唇齿相依的关系，对于佛教难免深具戒心。自宋朝以后，儒家学者排斥佛教与道教，称之为"佛老二氏"，批判攻讦不遗余力，甚至自许为效法孟子之批判杨朱、墨翟。事实上，许多学者在个人信仰与生活态度上受到佛教与道教的启发甚多，但在论及义理时又以道统自居，实在不易自圆其说。相对于此，也有人主张"三教合一"，但是这种想法在理论上并无可能，在现实中也常流于一厢情愿。

38

中国佛学的特色

有佛教，才有佛学。佛学以理性方式破邪显正，说明其教义之合理与正当。中国大乘佛学的发展，体现了信徒的智慧结晶，使中国文化更为多元丰富与充满活力。我国早有"儒释道"三教之说，但是否都可以称为"国学"，仍有待分辨。

佛教是宗教，其教义对宇宙与人生的根本问题都做了解答，但这些解答需要理性的说明，由此而形成了佛学。传入中国的佛教以"大乘"为主，"大乘"原指大的乘载工具，也即可以救济大众的佛法。大乘佛教先后出现三个系统，即"中观""唯识"与"真常"。

大乘佛教的三系：以出世的智慧配合入世的勇气

中观系统又称"空宗"。所谓"空"，是说我们对一切存在之物的观念或名称都是"假名"，因为万物皆由"因缘"而生，并无独立的实体性。试想：若无人类作为认识的主体，则不会有认识的作用，也不会出现被人类认识的万物。因此，眼前我们所见的万物，不但其本体不可知，连其是否存在也不可确定，那么我们又何必执着于这些名相呢？由此推出"八不中道"，就是"不生亦不灭，不常亦不断，不一亦不异，不来亦不去"，用连续八个"不"字提醒人对万物不必执着，然后可以断离寂灭，悟入涅槃。

其次，唯识系统又称"有宗"。所谓"有"，是指"妙有"，亦即佛教肯定万法皆空，但并非虚无主义，所以要说明万物呈现为空的原因、过程与结果。探讨上述道理的缘由，即是此宗目的。

首先，人的认识活动有三个阶段：一是顺着感觉经验，以为所觉知的一切都有某种"实在性"；其次，发现这一切都是依因缘而生灭，并无实在性可言；最后，破除虚妄，得到觉悟。以上三者分别称为"遍计所执性、依他起性、圆成实性"。换言之，一切法

"唯识"，一切都是出于主体的认识作用。问题焦点于是转向人的"意识"是怎么回事，人又如何可以"转识成智"。

最后，真常系统认为佛教各种说法都是"方便法门"，最终目的是肯定众生皆有佛性，皆可成佛。所谓佛性是指真我而言，但真我为"无明"所覆盖，如果善加修行，将可证悟一个解脱而自由的真我。原始佛教环绕着"无常、苦、空、无我"的观念，至此主客易位，不再拘泥于现象界，而可以回归本体界，强调"常、乐、我、净"。《涅槃经·纯陀品》记载佛曰："我者，即是佛义；常者，即是法身义；乐者，是涅槃义；净者，是法义。"换言之，真常是说人的主体在摆脱虚妄知见之后，建立真正的自由，可以经由修持而抵达完美的境界。

由此可见，大乘佛教并非逃避世间，而是要以出世的智慧配合入世的勇气，在世间进行度己度人的工作。中国佛教最具特色的三宗皆受真常系统的启发，主要原因即是中国原有的儒家与道家，分别主张不离世间的德行修养与智慧觉悟。

天台宗与华严宗：成佛与否全在于是否觉悟

佛教传入中国，到了隋唐时期出现中国佛教徒自创的宗派，即天台宗、华严宗与禅宗。前两者依循印度佛教经典，但自造新论，禅宗则号称"教外别传"。

天台宗立教，所依经典为《妙法莲华经》与《大涅槃经》，而其自创理论则多出于智（538—597，又称智者大师）之手。他提出"一念三千"之说，认为自我在任何处境中皆可通往其他处境（三千法界），其进退全在一念之间。于是，自我有完全的自由，念念之间随时升降，而自我所对应的广大领域（万法）则是交融互摄的。一念如此重要，可知心的地位居于枢纽，所以要明白"一心三观"。三观是指"空、假、中"："假"是就万法之呈现而言，"空"是就万法无自性而言，"中"是就无自性之呈现是一心所作而言。这三观互相统摄，可以由假入于空与中，也可以由空入于假与中，等等。三观的目的相同，就是排除对概念的执着，同时肯定概念可以在言说中使用。这一切可以归之于心，即"一心生万法"，进而"己心具一切佛法"。能否觉悟成佛，全在自己。

华严宗立教，所依经典是《大方广佛华严经》，而其自创理论多成于法藏（643—712，又名贤首法师）。此宗有"法界缘起"之说，解释万法之领域如何出现。法界有四：

1. **事法界**：千差万别的现象领域。
2. **理法界**：现象所依之实相（理）领域。
3. **理事无碍法界**：现象与实相不一不异而融通无碍。
4. **事事无碍法界**：一切现象之间彼此融摄，因为根源相同，都是实相，而实相是理，亦是真如。此即"一摄一切，一切摄一"。一即是真如，而真如即是心，由此确定自我的主体性。接着，法藏以"十玄门"（十个论点）说明法界缘起的道理，又立"六相圆融"之说，指出"总相、别相；同相、异相；成相、坏相"这三组六相皆为相对而成，亦即：任何概念皆与其他概念互为条件，彼此在一关系中才可成立。

以上二宗，分别发展了大乘佛教的"中观"与"唯识"二系，但最后都归结于"真常"系，肯定了成佛的可能性全在人的主体是否觉悟。

禅宗的心传：见性成佛

禅宗以六祖慧能（638—713）为代表，其教义见于《六祖坛经》，此书为中国佛教界唯一称为"经"的著作。他本人不解文字，原在禅宗五祖弘忍门下学习，后因修改师兄神秀之偈为"菩提本无树，明镜亦非台，本来无一物，何处惹尘埃"而得传衣钵。他最初因聆听《金刚经》而有所觉，但立教时不依经论，主张"悟见自性即可成佛"。

慧能说"见性成佛"，此性是指自己的主体性。般若智慧原是主体自有，不假外求，所以说"若识自性，一悟即至佛地"（《六祖坛经·般若品》）。这是主张顿悟的说法，听来十分简捷，但并非一劳永逸的模式。他说："善知识，凡夫即佛，烦恼即菩提。前念迷即凡夫，后念悟即佛。"所谓"即"是指"不离"而言，须就当下情况设法求"悟"，所悟者是主体自身原有之佛性。人难免有时迷有时悟，所以需要用心修行。

一般谈佛教修行，会兼顾"戒、定、慧"三者。戒有许多明确的外在规范可以遵循，而定与慧两者全在主体自身。他说："我此法门，以定慧为本。……定是慧体，慧是定用。"（《六祖坛经·定慧品》）没有禅定，怎能觉悟？但光靠禅定，长坐不卧，则如缘木求鱼。慧能之教不重视修行过程，而是随缘点拨、机锋迸现，所以后来禅宗留下许多公案，让弟子去参话头。慧能接着清楚地指示："善知识，我此法门，从上以来，先立无念为宗，无相为体，无住为本。无相者，于相而离相；无念者，于念而无念；无住者，人之本性。"总之，即是人的主体性在世间无所执着，顺物而化，自由出入。这是人的本性无所依附的本来状态。

佛教原本重视佛、法、僧三宝，至禅宗则强调自力，肯定人人皆有圆满具足的佛性，但并无固定的觉悟途径。在禅宗公案中出现的方法包括：见桃悟道、被棒被喝、闻雷闻青蛙入水、晒太阳、嗅厕所等。一旦开悟，与佛无异。则不必视佛为偶像，甚至可以呵佛骂祖，以免起了分别心，分凡分圣，反而蔽障了开悟的契机。

宗教所抵达的超越界，正如老子所说的"道"，是无法用言语及概念来表述的。佛教从创立以来，所集结的"经、律、论"三藏，可谓浩如烟海，所发明的语词名相之繁复多样，更让人望洋兴叹。

一旦觉悟，方知其至境乃是"言语道断，心行处灭"。释迦牟尼说："我说法四十五年，不曾道得一字。"因为所说之法皆为方便与从权，因人设教而已。这一点正是禅宗心传的依据。

自宋朝以来，儒家学者在政治与教育领域皆取得主导地位，于是倡言"道统"，并且排斥佛教与道教（兼及道家）。但问题是，儒家学者自己往往也受到"佛老二氏"的熏染。周敦颐的《太极图说》出于道教秘传，程颢《识仁篇》所谓"仁者浑然与物同体"已受庄子影响。至于批判佛学方面，则程颐的弟子游定夫明言："前辈往往不曾看佛书，故诋之如此之甚，而其所以破物者，自不以为然也。"（《宋元学案》）

因此，我不会奢望三教合一，同时也认为三教互相批判并无必要。佛教与道教是宗教，属于信仰领域，个人可以随缘选择信或不信。儒家与道家是哲学，属于理性领域，虽有宗教情操与宗教向度，但关怀焦点始终在人的现实生命之提升与安顿。忽略此二家，中国人的心灵将归向何方？

39

朱熹塑造的儒家，
才是近代"反孔批孔"的对象

谈国学，首先要介绍的是儒家。但是
六百多年来，由于朱熹的儒家版本成为
科举考试的教科书，以致我们今天谈儒
家，首要之务是分辨：朱熹版本的儒家
是否可以代表孔孟思想？厘清这一点，
就知道近代以来所谓的反孔与批孔，所
针对的其实是朱熹这样的学者及其观点。

我国的学术发展,有汉学与宋学之分。汉朝学者去古未远,重视训诂,在理解儒家经典时讲究字词的原意,遵循老师的教导,而不敢在义理上多做发挥。宋朝学者面对佛教与道教的挑战,要想保持思想上的主流地位,必须讲究义理,从儒家经典引申出一系列观点,用以回应许多深刻的问题,如:宇宙万物有没有作为最初根源的本体?如果有,那么从这个本体如何产生出现象界的万物?人生的目的是要成为圣人,那么,人的本性有何天生的结构?是否人人皆可成为圣人?成圣需要什么功夫?这些问题属于形而上学、本体论、宇宙论、人性论、功夫论,若要说明其中一点,势必牵涉整个系统。

于是,从宋朝开始,儒家学者勇于提出新的看法,同一个人其早期与晚年固然所见有别,同一个学派的人也经常提出不同的说法。演变下来,直至明末,儒家形成了三大体系:

1. **理学**:以程颐、朱熹为代表;
2. **心学**:以陆象山、王阳明为代表;
3. **气学**:以王夫之为代表。其中影响最大的是朱熹(1130—1200)与王阳明(1472—1529)。

人能成圣

学者在文化上有承先启后的责任,朱熹所承之先有三个方面。

一是古代经典:朱熹对《易经》《诗经》《仪礼》《尚书》《春

秋》，皆有深入研究与创见。

二是儒家经典：朱熹对后人的最大影响来自他的《四书章句集注》，为《论语》《孟子》做了集注，为《大学》《中庸》分章分句并扼要解说。

三是北宋诸儒：朱熹对北宋五子，即周敦颐、邵雍、张载、程颢、程颐等人的著作，皆详加介绍及推广。

朱熹是标准的教育家，学生来自各地，他"讲论经典，商略古今，率至夜半。……一日不讲学，则惕然以为忧。……继往圣将微之绪，起前贤未发之机，辩诸儒之得失，辟异端之讹谬。明天理，正人心，事业之大，又孰有加以此者？"（《朱子行状》）他的入门弟子近五百人，私淑者更不可胜数。他自建三个讲学之地，名为精舍（寒泉、武夷、竹林）；又重建两个书院（白鹿洞、岳麓），他写的《白鹿洞书院学规》颇能代表当时的办学精神。

朱熹于 1190 年编纂《大学》《论语》《孟子》《中庸》为"四子书"。后来这"四书"在教化百姓的作用上逐渐取代了传统"五经"的地位。

朱熹的《四书章句集注》（简称《四书集注》）在他死后一百多年才产生笼罩全国的影响力。元仁宗皇庆二年（1313 年）举行科举考试，规定以此书为主要参考书，明太祖洪武二年（1369 年）进而以它为标准本。自此以后六百多年，中国所有的读书人，从启蒙开始，所学的儒家都是朱熹的版本。同时，所有读书人对儒家思想的理解与误解，也由此书开始。

儒家教育的目的是要使人成圣。那么，人性是怎么回事，人应如何修炼才可成圣，就是两个关键问题。在朱熹看来，人的生命由"理"与"气"所合成。理是形而上的，人有人之理，因此这个理即人之性，此谓"性即理"；气是形而下的，构成人的具体状态。

所有的人，就其属于"人"这一类来说，都有人之理，都具有"天地之性"或"本然之性"；但天下没有两个人是一样的，其差异来自于"气质之性"不同。

　　人的气质有清有浊，人的"智、愚；贤、不肖"皆与此有关。因此若要成圣，就须认真修炼。朱熹的功夫论是"涵养须用敬，进学在致知"，亦即"居敬穷理"。儒家说"敬"，始于孔子的"修己以敬"等言论，发展为《易经·坤卦·文言传》的"敬以直内，义以方外；敬义立而德不孤"。因此，用敬涵养是正确的，但是由致知而进学，就有商榷余地。朱熹强调博览群书，亦即他在诠释《大学》"格物致知"时特别说明的"即物穷理"。他期许自己与学生穷尽天下之物的"理"，这当然包括读尽一切书在内。但是，与他同一时代的陆象山（1139—1193）当面质疑他说："尧舜以前，何书可读？"宋明学者的分立，可以推源于《中庸·第二十七章》所谓的"君子尊德性而道问学"一语。朱熹的理学采取的是"道问学"（努力请教及学习），陆象山的心学依循的是"尊德性"（尊崇天生的本性）。

　　问题在于：一个人如果一字不识，他有可能成为圣人吗？面对此一问题，就会肯定"尊德性"占有优位，并且"道问学"所指的也应以"道德之知"为主。朱熹本人是一位大学者，他的哲学体系相当复杂，但是今天还值得我们留意的只有一个问题：他的《四书集注》合乎原始儒家（以孔子、孟子为代表）的观点吗？

《四书集注》的偏差之见

　　我们且以《论语》为例。朱熹注解《论语》时，其实是以《论语》来支持他自己的观点。这种做法是难以避免的，但不能超过分际。譬如，朱熹主张"人性本善"，他在注解《论语·阳货》"子曰：性相近也，习相远也"这一章时，居然对孔子提出质疑，说："此所谓性，兼气质而言者也。"在朱熹看来，人性只能就其天地之性（或称天理）来说，因而是本善的，也因而只能说"性相同"。亦即，不可把"气质之性"（人欲的来源）也当成人性的内容。孔子说"性相近"，所以朱熹要赶紧说明孔子思想有含混之处。他进而引述他最佩服的程颐（1033—1107）的观点，在注中继续说："程子曰：此言气质之性，非言性之本也。若言其本，则性即是理，理无不善，孟子之言性善是也。何相近之有哉？"

孔子说"性相近"，程颐居然说"何相近之有哉？"这实在不是正确的学习方式。他还用孟子之言来批评孔子，但孟子会认同"性即理"这种先秦时代所未见的思想吗？孟子所谓的"性善"是指人性本善吗？孟子会认为人的生命中有"天理"与"人欲"这两种相互对立的因素吗？

其次，儒家重视修养，孔子在《论语·述而》中念念不忘提醒自己"德之不修，学之不讲，闻义不能徙，不善不能改，是吾忧也"。孔子在言语及行为上不断修炼，从十五岁立志求学，到了七十岁才做到"从心所欲不逾矩"（《论语·为政》），如此才能抵达圣人之境。朱熹注解这一章时，特别指出孔子是"圣人生知安行"，但孔子明明说"我非生而知之者也"（《论语·述而》）。

我不反对宋朝学者直接以"圣人"之名称呼孔子，虽然孔子自己说过"若圣与仁，则吾岂敢"（《论语·述而》），但是朱熹太多夸张之词，反而使孔子与凡人完全脱节，而凡人亦无从学习孔子。譬如，"饭疏食饮水"章（《论语·述而》），朱注说："圣人之心，浑然天理。""子温而厉"章（《论语·述而》），朱注说："圣人全体浑然，阴阳合德，故其中和之气见于容貌之间者如此。""子击磬于卫"章（《论语·宪问》），朱注说："圣人心同天地，视天下犹一家，中国犹一人。""陈子禽谓子贡"章（《论语·子张》），朱注说："程子曰：此圣人之神化上下，与天地同流者也。"这样的注解既不符合原文，也缺乏事实根据，只是一种文化上的造神运动，借此建立道统，并使自己成为合法的继承人与代言人。

我们今天应如何看待《四书集注》？

1919 年的五四运动以"打倒孔家店"为口号之一，但那个孔家店并不是孔、孟的原始版本，而是在秦始皇实施帝王专制以后，两千多年以来"被利用"的儒家，说得更明确一些，那是朱熹《四书集注》所塑造的儒家。那样的儒家被打倒，是历史上各种思潮起起伏伏的现象之一，而孔孟的儒家"在根本上"与此无关，反而深受连累与扭曲。

现在到了二十一世纪，我们有机会排除历史上的各种干扰，以理性与求真心态学习儒家，如果继续紧抱《四书集注》不放，恐怕最后还是缘木求鱼与买椟还珠。如果学到了错误的儒家思想，那还不如不学，免得平白委屈了孔子与孟子。

40

王阳明的修行心得

王阳明的学说，如"心即理、知行合一、致良知"，自成一个系统，具有原创性与生命力，造成广泛的影响。但是从阳明弟子开始，他的哲学分支分派、众说纷纭，引生许多流弊。因此，若要学习儒家，上上之策还是回归孔子与孟子的原典。

　　王阳明（1472—1529）是明朝中叶的学者，自幼好学深思，十二岁念私塾时就请教老师什么是第一等事。老师说"读书登第"，就是考取功名，成就一番事业。但王阳明却别有所见，他认为"读书学圣贤"才是第一等事。王阳明的父亲与老师都甚为惊讶，知道他将来必有作为。

　　王阳明十八岁时，遍读朱熹的书，看到朱氏说"格物"是要做到"众物之表里精粗无不到"，于是每日清晨在庭院中"格"（穷究）竹子，研究竹节里面的结构，结果一星期就劳思致疾，病倒了。"格"竹子已让他生病，又如何"格"万物呢？他觉悟此种向外穷理之路不通，于是改循陆象山的途径，向内探求本心，发展心学系统。

　　王阳明一生有"五溺三变"的经历。他顺着生命的自然趋势，以真诚而专注的心思，学习他认为重要的能力，希望活得充实并且达成人生的最高目标。

"五溺三变"

　　"五溺"是指王阳明依序沉迷于五个领域，即：任侠、骑射、辞章、神仙与佛氏。前三项较为容易修成。他一生富于侠义精神，带兵作战极有效率，提笔为文挥洒自如，是哲学家中罕见的文武全才。至于接触道教的神仙术，则始于他十七岁成婚之日，偶然经过道教铁柱宫，见道士趺坐一榻，便叩问养生之事，终夜忘归。

　　他后来常与道士谈仙，有遗世入山之意；他学习静坐默观，偶有先知之明，能预知友人来访。关于佛教，他的语录与文集中，引用多种佛典，其中以《六祖坛经》与《传灯录》最为常见。他说："吾亦自幼笃志二氏……始自叹悔错用了三十年气力。"(《传习录》上)意即他有三十年之久沉迷于佛道二教。

他觉悟之后，劝人不要迷信道教的神仙术，他说："饥来吃饭倦来眠，只此修行玄更玄；说与世人浑不信，却从身外觅神仙。"他也对佛教表示质疑，他说："佛氏不着相，其实着了相；吾儒着相，其实不着相。"

"三变"是说他在教育学生时，所用的方法与内容经过三次变化。他三十七岁时，在贵州龙场悟得"知行合一"；四十二岁时教人"静坐澄思"，以收回放纵散乱的心思；到四十九岁时由百死千难之中悟得"致良知"之旨。这三变的目标是一致的，即如何使人成圣。

成圣的理论与实践

儒家主张人人皆可成圣。这种观点如果成立，必须说明成圣的前提、修炼的过程与最后的验证。

简单说来，成圣的前提是"心即理"。王阳明被贬谪到龙场时，沉思圣人处此困境应当如何；他面对当地夷人，又想到如何教化夷人。若采取"道问学"之途，须穷究万物之理，则将无法回答这一类问题；若采取"尊德性"之途，则须肯定人人内在即有此理，只是如何使之呈现而已。王阳明设立龙冈书院，揭示四点教条：立志、勤学、改过、责善。这些都是要人收摄精神，建立道德行为的主体性。他说："心即理也。天下又有心外之事，心外之理乎？"意即：一切都要看自己的心能否自觉，若是离开了这个心，什么都是幻象。并且，只有心可以领悟万事万物之理，这种领悟使理不可能离心而独存。专就人所特有的道德行为来说，则道德的基础在内不在外，是吾心把已有的善应用于相关的人与物上。

大体说来，自宋朝至明朝，"去人欲，存天理"一语已成为儒者修养的标准口号。问题只在于这个天理落在何处。落在"性"上，则说"性即理"；落在心上，则说"心即理"。王阳明主张心即理，肯定人只要觉悟本心，使本心无私欲之蔽，则本心即是天理，直接显示至善，所以说"至善是心之本体"。理是不待外求的，亦即人人心中有天理，有个至善的准则。如此说来，成圣的可能性就不容置疑了。

其次，成圣的功夫是什么？这期间的修炼过程即"知行合一"。既然在谈成圣，那么所谓的"知"当然是指有关道德的知，如孝悌忠信；而所谓的"行"，则是指道德实践而言。王阳明说："知是行的主意，行是知的功夫。知是行之始，行是知之成。若会得时，只说一个知，已自有行在；只说一个行，已自有知在。"譬如，某人说他知道孝顺，但未能实践，这种知不是真知。若是真知其为善，则必有随着此知而来的、发自内心的行善要求，并且非要实践不可。知与行像是循环互动的两股力量，在相互印证的过程中趋于至善之境。他指出："知行原是两个字说一个功夫。""知之真切笃实处，即是行；行之明觉精察处，即是知。"事实上，明白道德行为必须出于真诚，并由内而发，亦即明白行善必有自觉与自主，就自然会同意王阳明的"知行合一"之说。

王阳明早期受佛道二教影响颇深，后来在立学宗旨上回归儒家，但并不排斥以"静坐"为方法。静坐使人集中心思，收敛心神，目的在于"去私"，所以不可光是静坐，还须勤用克己功夫，"在事上磨炼"。动者未必能静，久之忘了本心；静者还须能动，修养才可落实。

王阳明晚期对于成圣提出了一个扼要但涵盖全面的观点，就是"致良知"。

"致良知"是心法

王阳明以"致良知"一语统摄自己的修行法门。"良知"一词出于《孟子·尽心上》，原意是良能与良知并举，前者是不学而能，后者是不虑而知。"良"代表天生本有，而没有道德意义，但是以此为基础，才可能推出亲亲之"仁"与敬长之"义"。王阳明善于读书，依此提出新解，他说："是非之心，不待虑而知，不待学而能，是故谓之良知。"（《大学问》）这个新解并非他的创见，而是凸显孟子心之四端的一种。在孟子，是以"是非之心"为"智之端也"。良知与智有关，若是少了是非之心，则恻隐之心、羞恶之心、辞让之心皆无由展现，而仁、义、礼也谈不上实践了。

其次，"致知"一词出自《大学》，原为"格物、致知、诚意、正心……"八目之一。王阳明反对朱熹以致知为向外格物穷理，于是转而以致知为向内要求正心。致知加上正心，心即是良知，如此一来，就成了"致良知"。王阳明是一元论者，他研究《大学》，喜欢强调"身心意知物者……其实只是一物。格致诚正修者……其实只是一事"。一个人只要"致吾之良知于事事物物"，天下尚须何思何虑？

因此，人人皆有良知，也皆有成圣的可能性。但是为何世间圣人极少？这就涉及修炼了。良知有如明月，私欲则如云雾，私欲遮蔽良知，人生一片漆黑。王阳明说："千思万虑，只是要致良知。良知愈思愈精明。若不精思，漫然随事应去，良知便粗了。"良知有精明与粗昏之别，若是精明到王阳明本人的程度，其效果令人惊讶。他说："我的灵明便是天地鬼神的主宰。天没有我的灵明，谁去仰他高？地没有我的灵明，谁去俯他深？鬼神没有我的灵明，谁去辨他吉凶灾祥？天地鬼神万物离却我的灵明，便没有天地鬼神万物了。"（《传习录》）这是唯心一元论的观点。这种观点放在"知识论"上，亦即主张离开主体便无认知活动，是可以说得通的；但是放在"本体论"上，要说明万物之真实存在，则难以让人信服。王阳明早已过世，而万物依然存在。若使人人皆成王阳明，则谁人所见之物为真？

这种观点放在"伦理学"上，则困难更大。譬如，二人对同一件事的态度或同一个行为的判断针锋相对，但二人皆宣称自己"致良知"。那么，我们要如何裁定是非？由此可以了解，何以王阳明的弟子与后学会提出许多奇怪的说法，如"满街都是圣人"等。

总之，程朱理学受到的批评是"支离"，由向外格物变成逐物不反；陆王心学受到的批评是"近禅"，由致良知而接近明心见性。相同的一点是，他们都肯定自己是儒家，其目的都是要使人成圣，并且为了成圣都需要努力修养德行。但是，无可奈何的是，在帝王专制的政治环境中，是不可能真正发扬孔子与孟子的人文理念的。取法乎上，仅得其中，他们"知其不可而为之"的精神仍值得我们效法。

国学面对三大挑战

克服三大挑战，回归国学原典。由学习而理解，在实践中品味，知之好之乐之，再创文化新机。儒家提供处世原理，道家示范自处之道。修己安人，顺人而不失己，善美合一，安顿身心。

从伏羲画卦开始，观察天之道以安排人之道，由此产生了最初版本的《易经》，到现在二十一世纪，我们已有绵延五千多年的历史与文化。文化是我们历代祖先留下的宝贵资产，其中包括无数的器物、各类的制度与丰富的理念。而历久弥新、塑造民族心灵的是理念。今日谈国学，显然侧重于对理念的继承与发展。不过，若想重振传统理念的生机与活力，首先要面对三大挑战：

第一，如何跨越两千多年帝王专制对儒家思想的钳制与扭曲？

第二，如何化解宋朝以来儒家学者对佛教和道家的误解与批判？

第三，如何回应西方文化对理性思辨的要求？以下试做申论。

帝王专制对儒家思想的扭曲

儒家是人文主义，其学说以人为中心，要求个人修养德行，并承担社会责任。这样的思想有助于教化百姓与安定国家，自然会受到统治阶级的欣赏与利用。由孔子所创始、孟子所开展的儒家，原本主张人应该由真诚而引发内在力量，要求自己主动行善，再把"善"界定在人与人之间的适当关系上，形成"道德不离事功"的理想架构。这种学说应用在政治领域，将会期许君主以身作则，树立道德表率，然后百姓风动草偃，社会自然改善。

但是到了荀子手上，转而迁就现实君主的权力，并且认为百姓顺着利己的本能将会制造动乱，因而要约之以礼、教之以法。于是，享受权力以君主为优先，谨守规矩则是百姓的责任。荀子教出李斯与韩非这两位法家人物，可谓其来有自。秦始皇统一中国之后，帝王专制政体随之确立。这种政体是"阳儒阴法"的体现。自此以后，两千多年的帝王专制之下，儒家思想饱受各种扭曲。

譬如，"三纲五常"被当成儒家学说，而其实它是从西汉董仲舒倡议，到东汉班固完成的教条，便于专制帝王掌控政权及稳定社会之用。又如，元朝的科举制度，以南宋朱熹的《四书章句集注》为学习儒家的标准本子，自此以后六百多年，甚至直到今日，大多数国人从启蒙开始所学的都是朱熹版本的儒家，而不是孔孟的原始儒家。

正如好的思想可能被用在坏的地方，并产生偏差的结果；坏的思想也可能被用在好的地方，并产生正面的结果。儒家虽被扭曲与误用，但也维系了百姓的某些信念，就好像一个人背诵《论语》与《孟子》，总会得到一些启示与鼓励。

只是我们要问：今天早已没有帝王专制了，我们何不把握此一千载难逢的机会，直探孔孟思想精华，直接向他们请益？果真如此，我们将有可能完成一次类似近代西方的文艺复兴与启蒙运动，重新品味孔子"人能弘道"的抱负与孟子"浩然之气"的胸怀。

宋朝学者对佛教与道家的批判

宋朝儒学复振，学者为了确保其道统，也包括他们在政治上与在民间的影响力，乃大力批判佛教与道家。程颢说："杨墨之害甚于申韩，佛老之害甚于杨墨。……佛氏其言近理，又非杨墨之比，此所以危害尤甚。"

《宋元学案》的编纂者黄百家说："佛氏以性为空，故以理为障，惟恐去之不尽，故其视天地万物、人世一切皆是空中起灭，具属幻妄，所以背弃人伦，废离生事。"

既然如此，民众为何还去信佛？欧阳修的解释是："彼为佛者，弃其父子，绝其夫妇，于人之性甚戾，又有蚕食虫蠹之弊，然而民皆相率而归焉者，以佛有为善之说故也。"

这种解释太过简化，如果佛教靠着"为善之说"就可以使人相率而归，那么儒家难道没有"为善之说"？如果也有，那么为何民众没有闻风景从？黄百家看了许多儒者的"性善"之说，但他不去反省这套说法何以没有吸引力，反而责怪佛教的轮回教义。他说："而其尤可痛恶者，创轮回教义，谓父母为今生之偶值，使人爱亲之心从此衰歇，而又设为天堂地狱种种荒唐怪妄之谈，诪张啮啮，所以为异端也。"这些批评显然缺乏深入的研究与同情的理解，更完全无视百姓对宗教信仰的需求。

宋朝学者又如何批评道家呢？简单说来，即是断章取义。譬如，《老子·第四十章》出现"有生于无"一语，张载说："若谓虚能生气，则虚无穷、气有限，体用殊绝，入老氏'有生于无'自然之论，不识所谓有无混一之常。"

事实上，老子此言的意思并非"由虚无生出万物"，而是"有形之物来自无形之物"。老子主张"道生万物"，试问：道是真正的虚无吗？当然不是。至于庄子，则受到的误解更多。庄子认为人的修养应该先做到"形如槁木，心如死灰"，排除身心的欲望与念虑，再由悟道展现人所特有的"精神"。但是，程颢对此批评说："盖人，活物也，又安得为槁木死灰？既活，则须有动作，须有思虑，必欲为槁木死灰，除是死也。"

谢良佐请教程颐有关庄子与佛教的对比，程颐说："庄周安得比他佛？佛说直有高妙处。庄周气象大，故浅近，如人睡初觉时，乍见上下东西，指天说地，怎消得恁地只是家常茶饭，夸逞个甚底。"《宋元学案》记叶六桐曰："明道（程颢）不废观释老书，与学者言，有时偶举示佛语。伊川（程颐）一切摒除，虽庄列亦不看。"由此可知，程颐是不看《庄子》的。不看《庄子》而妄意批评，所说难免只是"家常茶饭"，没有什么学术价值。

西方文化对理性思辨的要求

西方文化推崇理性，任何学说如果不能把道理讲得清晰明了，就无法获得人们的认同。这种理性原则并不违背孔子所谓的"知之为知之，不知为不知，是知也"。

譬如，如果有人接受朱熹的观点，认为儒家主张"人性本善"，那么我们就需依序请教：

第一，"人性本善"的意思是什么？"人性"所指为何？"本"为何意？"善"为何意？

第二，这种说法若是儒家所主张的，那么"儒家"是指何人？若指孔子与孟子，就须再问：孔子与孟子的哪些言论可以证明这些观点？

第三，"人性本善"可以解释自古以来人类社会的种种罪恶吗？我们如何以具体的经验来证明此说？

更重要的是，在回答这些问题时，请不要使用太多难以定义或不着边际的话。国学是要帮助我们化解困惑，而不是制造更多迷雾。

又如，谈到道家时，一方面不能误认"道"即是天地万物，因为道是天地万物的根源；另一方面也须明白"道"为何无法以言语表达。事实上，正因为这两个特点，西方许多哲学家（如海德格尔）对道家推崇备至，认为其说抵达了人类思想的极限。

换言之，国学并无神秘之处。如果某些学派的观念让人觉得抽象难解，如孔子所谓的"知天命"与"畏天命"，孟子所谓的"圣而不可知之之谓神"，老子所谓的"有物混成，先天地生"，庄子所谓的"上与造物者游"等，我们与其质疑这些说法毫无根据或出于幻想，不如认真由其系统去了解，或者暂时予以保留，以待自己将来可以领悟。

国学有益于人生，并不在于让人见多识广，而在于使人明白古人智慧的多彩多姿与全面涵盖，进而学习一套完整而卓越的价值观，可用以立身处世、安顿心灵，并且能够在短暂的一生中以有限的力量去完成个人的使命。

我在本书一系列的文章中，所要表达的正是以儒家为主轴的人生观。这种人生观直接诉诸先秦儒家的思想，并且符合我们现代人对理性解说的要求，同时保持开放心态，可以欣赏道家与佛教，以及所有出自真诚心意所建构而成的哲学与宗教。这种人生观充满自信但不排除异己，志向高远但不忽略修行，与人为善但不随俗从众，自强不息且能厚德载物。

图书在版编目（CIP）数据

傅佩荣谈人生：国学与人生 / 傅佩荣 著 . — 北京：东方出版社，2022.12

ISBN 978-7-5207-2664-1

Ⅰ . ①傅… Ⅱ . ①傅… Ⅲ . ①人生哲学—通俗读物②中华文化—通俗读物

Ⅳ . ① B821-49 ② K203-49

中国版本图书馆 CIP 数据核字（2022）第 276009 号

傅佩荣谈人生：国学与人生

（FU PEIRONG TANRENSHENG : GUOXUE YU RENSHENG）

作 者：	傅佩荣
责任编辑：	邢 远
出 版：	东方出版社
发 行：	人民东方出版传媒有限公司
地 址：	北京市东城区朝阳门大街 166 号
邮 编：	100706
印 刷：	三河市中晟雅豪印务有限公司
版 次：	2022 年 12 月第 1 版
印 次：	2022 年 12 月第 1 次印刷
开 本：	710 毫米 ×1000 毫米 1/16
印 张：	17.5
字 数：	160 千字
书 号：	ISBN 978-7-5207-2664-1
定 价：	68.00 元

发行电话：（010）85924663 85924644 85924641